디에이처우드윅스

우들맛

스튜디오 루

도잠

물건연구소

WOODWORKER

레드체어메이커

삼옥

핸드크라프트

기브앤테이크

목신공방

디에이치우드웍스

우들랏

스튜디오 루

도잠

WOODWORKER

물건연구소

레드체어메이커

삼옥

핸드크라프트

기브앤테이크

목신공방

나무와
함께하는 삶,

목수의 세계

made by
WOODWORKER

글
이수빈

Prologue

잡지 기자 시절 한 선배가 이런 이야기를 했다. "지나가는 사람 아무나 붙들고 이야기를 들어봐라. 그 누구든 4p 인터뷰 기사는 나온다." 인터뷰이에 대해 별로 쓸 말이 없다는 푸념에 꾸중하듯 대꾸해준 것이었지만, 그로 인해 인터뷰에 대한 개념이 내 마음속에 다시 세워졌다. 그 이전에는 매체에 등장하는 이들은 특별한 사람이라고 착각했던 것 같다. 하지만 누구나 각자의 몫을 감당하며 인생을 살아가다 보면 네 쪽 아니, 그보다 훌쩍 넘는 분량을 채우고도 남을 만큼의 이야기가 쌓인다. 그리고 그 이야기는 어떤 식으로든 울림을 자아낸다. 우리는 인터뷰를 통해 타인을 새로이 만나고 더 깊게 관계 맺기도 한다.

프리랜서 생활을 하면서 공예나 디자인과 관련된 잡지의 에디터로 일하다 보니 자연스레 나무, 도자, 금속 등의 다양한 분야의 공예가와 디자이너, 창작자들을 만날 일이 많아졌다. 이들을 마주할 때마다 아주 정직한 인생의 이치인 '성실함의 힘'을 새삼 깨닫는다. 세상 모든 일이 그렇긴 하지만 손으로 하는 일에서는 꾸준하게 쏟아붓는 노력이 더욱 중요하다. 누군가를 반짝 돋보이게 하는 것이 천부적 재능이나 재주라면, 그 사람을 단단하게 키우는 것은 바로 성실한 노력이다. 손으로 일하는 사람들은, 제힘으로 무언가를 만들어내는 사람들은, 왕도 없는 노력이 인생의 기본값임을 잘 알고 있다. 매일 게으름 피우지 않고 일정하게, 성실하고 근면하게 해야 할 일, 할 수 있는 일, 하고 싶은 일에 임하는 것만이 자신의 몫임을 알고 있고, 그 성실함이 결국 정체성을 담은 결과물로 탄생한다.

이 책을 통해 만난 우드워커들은 나무를 재료로 성실하게 하루하루를 사는 사람들이다. 자신의 콘텐츠가 중요하게 여겨지는 오늘날 손재주를 바탕으로 원하는 것을 창작하며 살아가는 이들은 행복한 사람으로 비치기 쉽다. 하지만 조직이란 테두리 없이 온전히 자기 일을 해나가는 것도 만만치는 않다. 일과 생활의 경계가 불분명하고, 직장인보다 더 많은 시간을 일에 매달리기도 하고, 요즘 같은 위기의 시대에는 자영업자로서 가장 쉽게 생계의 위협을 받기도 한다. 즉, 이들의 삶은 남들 눈에 비친 것처럼 순수하게 행복하지만은 않다.

하지만 한편으로 이 책을 진행하며 나 혹은 사람들이 그들을 동경하는 지점은 분명히 확인할 수 있었다. 『시와 산책』이라는 책에서 저자 한정원은 프랑스 사상가 시몬 베유의 사랑에 대한 기록을 행복으로 치환해 해석하며 '행복은 단지 방향을 결정하는 것이지 영혼의 상태가 아니다'라고 썼다. 사람들이 한 지점의 목표라도 되듯 맹목적으로 행복을 추종하는 게 종종 낯 뜨거울 때가 있었다. 이 책을 쓰면서 행복은 목표가 되는 정확한 한 지점이 아니라 당면한 것 중에서 지금 택할 수 있는 가장 최선의 방향이란 것을 확인하는 시간이었다. 책에서 소개한 우드워커들이 모두 행복한 사람이라고 단정할 순 없지만 적어도 자기 행복의 방향을 알아챈 사람이라고 해석할 수는 있을 것 같다. 그 방향이 언제고 바뀔 수 있음은 물론이다.

어느덧 내가 소소한 취미로 매주 목공방에 다니며 우드카빙을 배운 지도 꼬박 2년이 넘어간다. 그 시간 동안 나는 단박에 활활 타오르는 열정을 쏟아붓기보다 뭉근하게 임하고 지긋하게 해나가는 사람이란 사실을 깨달았고, 그런 성향을 확인한 것이 기뻤다. 그간 많은 일에서 다른 사람만큼 열정적이지도 재빠르지도 못한 나를 미워할 때가 많았기 때문이다. 내게는 목공이 물건을 만드는 행위를 넘어 내 성향과 삶의 방향을 알게 된 사건이었던 셈이다. 이 책 역시 가느다랗고 긴 열의로, 연약하되 지긋한 성실함으로 완성했다. 시간은 빨리 흘렀고 인터뷰하고 글을 쓰는 속도는 느렸다. 더디게 고만고만하게 늘어가는 나의 목공 실력처럼, 거북이걸음이긴 해도 원고가 하나하나 쌓여갔다. 모두가 빠를 수 없고, 모두의 행복이 같을 수 없다는 당연한 깨달음을 얻어가며 이 책을 만들었다. 누군가의 이야기에서 자기에게 비추어 볼 단서 하나를 발견하는 것이야말로 인터뷰를 읽는 즐거움 아닐까? 이 책이 독자들에게 각자의 즐거움을 찾는 시작점 정도가 되었으면 좋겠다는 바람이다. 그것이 이 책의 가장 적합한 쓸모일 것 같다.

2020년 가을,
이수빈

이 책을 읽는 데
필요한 용어들

목수 그리고 우드워커

표준국어대사전에서는 목수木手를 '나무를 다루어 집을 짓거나 가구, 기구 따위를 만드는 일을 직업으로 하는 사람'이라고 설명한다. 이 책은 그들의 이야기를 담고 있으며 나무로 작업하는 사람을 통칭하는 영어 단어인 '우드워커woodworker'라는 이름으로 소개한다.

소목장과 대목장

우리나라의 전통적인 목수 분류. 궁궐, 사찰, 가옥 등 건축과 관련된 일을 하는 대목장大木匠과 장롱, 문갑, 탁자, 소반 등 실내 가구를 비롯한 목공예품을 만드는 소목장小木匠으로 나뉜다. 대목 혹은 소목으로도 부른다. 이 책은 대부분 소목의 이야기를 다루고 있다.

캐비닛메이킹과 그린우드워킹

캐비닛메이킹cabinetmaking은 가구 제작을 뜻한다. 가구를 제작할 때는 대부분 건조목으로 작업하며, 목재를 자르고 다듬는 일련의 과정을 효율적으로 해내기 위해서는 전동 공구 및 기계의 힘이 필수적이다. 그린우드워킹green woodworking은 주로 수공구를 이용해 생나무green wood를 깎아 만드는 목공예의 한 종류다. 조각도로 깎는 과정 때문에 그린우드카빙green woodcarving이라고도 부르며 이러한 작업을 하는 사람들을 그린우드워커green woodwoker라고 한다.

부시크래프트 bushcraft

'덤불'을 뜻하는 부시bush와 크래프트craft의 합성어로 숲이나 들판에서 최소한의 장비로 불을 지피고 음식을 만들어 먹으며 즐기는 아웃도어 레포츠를 말한다. 자연을 탐험하고 낚시나 채집을 하는 등 다양한 활동이 있지만, 목공 분야에서 부시크래프트라고 하면 도끼나 톱, 칼 등의 수공구로 주변의 나무를 채취해 필요한 물건을 깎아 쓰는 행위로 좁혀 이른다.

짜맞춤

못이나 나사 없이 목재끼리 연결해서 결합하는 방식이다. 못이나 나사를 이용하는 것보다 더 견고하고 튼튼하게 결합되며 오래 사용해도 비틀어질 우려가 적다.

우드카빙 woodcarving

나무를 뜻하는 'wood'와 조각을 뜻하는 'carving'의 합성어로 손으로 나무를 깎고 다듬어 수저, 도마, 스툴 등의 간단한 도구나 소품을 만드는 목공 작업이다. 가구 제작에 비해 기계 사용이 적고 수공구 위주로 쉽게 도전해볼 수 있기에 목공에 처음 도전하는 이들의 관문이 되기도 한다. 다양한 모양의 조각도와 기물을 고정할 수 있는 클램프clamp 등이 필요하다.

우드터닝 woodturning

목선반이란 기계를 이용해 회전하는 가로축에 나무를 끼우고 전용 칼을 대어 깎는 방식으로 주로 원통형 사물을 만들 때 사용하는 목공예 기법. 가구의 곡선형 다리, 화병이나 접시, 찻잔 등을 만드는 데 많이 활용하며 최근 목공인들의 관심이 높아진 분야지만 가구 제작이나 우드카빙에 비해서는 아직 배울 수 있는 곳이 많지 않은 편이다.

우드밴딩 wood bending

목재를 인위적으로 구부리는 것을 의미한다. 고온의 수증기를 쬐어준 후 원하는 모양으로 고정하는 방법, 얇은 목재를 휜 모양대로 겹겹이 붙여 굳히는 방법, 목재가 휘어지기 쉽게 기계나 레이저로 일정 간격의 톱길을 내주는 방법 등이 있다.

셰이빙홀스 shaving horse

주로 그린우드워킹에서 나무 기물을 깎을 때 걸터앉는 전용 받침대이자 작업대. 말 모양을 닮았다 해서 이런 이름으로 부른다. 그린우드워킹 문화가 발달한 서양에서는 대중적인 도구이지만 아직 우리나라에서는 흔치 않다. 자기 몸에 맞게 제작해 쓰는 사람이 많고, 조금 더 작은 크기도 있는데 숟가락을 깎을 때 주로 쓰고 생김새가 당나귀를 닮았다 하여 스푼 뮬spoon mule이라 부른다.

메이드 바이
우드워커

made by
WOODWORKER

"일상에 풍요를 부르는 물건"

목수라 하면 보통 가구를 만드는 사람으로 생각하기
쉽지만, 실제로 목수의 범위는 그보다 넓다.
집을 짓는 일부터 작은 숟가락을 만드는 일까지
나무로 다루는 일은 모두 목수의 몫이다.
그중에서도 큰 건축물이나 집을 짓는 목수를 대목大木,
가구나 작은 소품을 만드는 목수를 소목小木으로
구분한다. 염동훈 씨는 덩치가 작은 소품을 주로
만든다. 의자와 소반도 만들지만 그를 더 알린 것은
커틀러리Cutlery와 조리 도구, 차 도구와 같이
식문화에 밀접한 소품들이다.
작다고 해서 그 만듦새가 헐겁지는 않다.
쓰임을 우선으로 하는 간결한 디자인을 추구하기
때문에 장식적인 요소는 거의 없지만,
단정하고 단단한 특유의 분위기에 눈길이 오래
머문다. 매일 쓰는 생활 도구일수록 꼭 마음에 드는
것을 고르라고, 그러면 일상이 즐거워진다고
누군가 귀띔해준 적이 있다.
단순히 비싸거나 희소해서가 아니라 일상에
풍요로움을 전해주는 소중하고 귀한 물건,
염동훈 씨는 그런 물건을 만든다.

디에이치우드웍스

DHWOODWORKS

염동훈 우드워커

나무와 함께한 두 번의 시작

조형과 공예를 전공해 흙부터 금속, 나무 등 다양한 소재를 접했던 염동훈 씨는 그중에서도 유독 나무에 끌렸다. 나무는 다듬을수록 완성도가 높아지는 것을 고스란히 느낄 수 있는 소재였다. 좀 더 전문적으로 익혀 볼 생각으로 목공 스튜디오 전문가 과정을 1년간 체계적으로 배웠고, 그 경험을 토대로 2013년에는 같이 목공을 배운 선배와 동업해 첫 공방을 차렸다. 처음에는 촉맞춤이나 짜맞춤 방식의 원목 가구를 만들었다. 다양한 소재를 다뤘던 자신의 전공을 살려 부분적으로 대리석을 섞거나 다리 한쪽을 철로 작업하는 등 특색 있는 가구를 선보이며 색깔 있는 젊은 작가로 주목받고 여러 매체에 소개되기도 했다. 하지만 염동훈 씨는 이제 와 돌이켜 보면 짧은 경험에 비추어 너무 서둘러 사업 전선에 뛰어든 것 같다고 말한다. 사업은 이상보다는 현실이니까. 나무로 하나의 완결성 있는 작업물을 만드는 게 좋아 시작한 일이지만 주문 제작 가구는 고객의 요구에 철저히 부합해야 한다는 점, 특색 있는 가구를 선보인다고 해서 판매로 직결되지는 않는다는 점에서 장벽을 느낀 그는 그렇게 2년을 채운 첫 공방 생활을 접었다.

두 번째 시작의 계기는 우드카빙woodcarving이었다. "취미로 한창 캠핑을 다닐 때가 있었어요. 그때 제가 쓸 요량으로 도마나 젓가락을 투박하게 깎았는데, 엄밀히 따지자면 우드카빙보다 부시크래프트bushcraft에 가까웠어요." 직접 깎은 도구로 요리하는 재미는 쏠쏠했다. 본격적으로 소품을 하나씩 만들며 자신의 정체성을 찾은 염동훈 씨는 2016년 다시 공방을 열어 숟가락을 비롯한 식문화와 관련된 도구를 만드는 목수로 자리잡았다. 흔히 우드카빙은 정밀한 치수와 계산 과정이 필수인 가구 제작에 비해 작업이 더 자유로울 거라 생각하는데 일부는 맞고, 일부는 아니다. 우드카빙은 주로 덩어리를 깎아나가는 방식이기에 0.1mm의 수치를 따져가며 계산하진 않지만, 정확함과 치밀함은 더없이 중요하다. 고정 거래 업체에 같은 제품을 꾸준히 납품하고 있고, 같은 품목을 대량으로 만드는 협업 프로젝트도 진행하는 염동훈 씨. 그는 아무리 손으로 직접 깎는다 하더라도 제품의 크기와 디자인은 균일성을 갖춰야 한다고 강조한다.

한편, 의뢰 받는 일마다, 물건이 팔리는 장소마다, 클라이언트가 원하는 느낌이나 공간의 특성이 다르기 때문에 매번 다른 기분으로 작업하게 된다. 동양식 차를 소개하는 공간인 〈산수화티하우스〉에서는 주로 차 도구인 다하와 차시를, 좀 더 캐주얼한 차 공간인 〈맥파이앤타이거〉에서는 찻잔 받침을, 공예 상점인 〈정소영의 식기장〉에서는 주방 소품을, 전시 공간 겸 편집숍 〈모노하〉에서는 커틀러리와 젓가락을 판매하고 있다. 큰 틀에서 어떤 쓰임을 고려한 물건을 의뢰 받으면, 그걸 어떻게 구현해내는지는 오로지 염동훈 씨의 몫이다. 작은 것 하나도 정성을 쏟는 데에 익숙한 그에게는 어떤 물건이든지 매력적인 과제가 된다. 작업 스타일에 큰 의미를 부여하지 않고, 무엇보다 물건의 쓰임에 집중하는 것이 그의 작업 비결이다.

긴 시간 몰입하는 나무 수업

염동훈 씨의 공방은 효창공원 인근의 작은 골목 2층에 자리해 있다. 비싼 임대료를 감안해 지하를 택하는 경우는 종종 봤는데 2층에 작업실을 둔 경우는 드물어 조금 의아했다. 한국 상가 주택의 특성상 주로 1층이 상업 공간이기도 하고, 목재나 완성된 결과물을 옮기기에도 불편하기 때문이다. 하얀색 문을 열고 들어서자, 일반적으로 상상해온 목공방과는 다른 공간이 펼쳐졌다. 톱밥 가루 날리는 먼지 가득한 나무 작업실이 아닌 아늑한 카페 같기도 하고, 일단 깔끔하다. 그럴 만도 한 것이 애초에 카페 겸 목공방으로 계획한 곳이기 때문이다. "목공 하는 사람들에게는 공통적인 로망이 하나 있어요. 카페 겸 공방을 여는 것이죠. 커피를 하는 친구와 목공을 하는 제가 의기투합해 시작했어요. 그렇게 7개월 가까이 같이했을까. 재미는 있었어요. 하지만 공간이 너무 협소하기도 하고, 그 두 가지가 양립하기란 쉽지는 않더라고요. 지금은 그 흔적만 남아 있죠." 은은하게 따뜻한 빛을 내리쬐는 디자인 조명과 한쪽에 위치한 바가 바로 그 흔적들이다.

지금은 주중의 월, 화, 일요일은 수업 공간으로 쓰고 있고, 그 외의 시간은 온전히 염동훈 씨가 몰입할 수 있는 작은 세계가 된다. 그는 초급과 중급으로 나눈 정규 클래스를 운영하고 있는데 원데이 클래스는 지양한다. 무언가 정식으로 배우기 전에 시범 삼아 해보고 자신에게 맞는지 파악할 수 있다는 점에서는 괜찮지만, 일부 목공방에서는 간편한 돈벌이 수단으로 이용하는 경우도 있다. '몇 시간만 투자하면 이렇게 근사한 물건을 만들어가요' 하는 그럴싸한 말로 유혹한다면 이를 경계하라며 조언한다.

　우드카빙 원데이 클래스라면 수저나 접시 같은 작은 기물을 만드니까 가구 제작보다 간편할 거라고 기대하기 쉽다. 하지만 작다고 해서 만드는 게 수월한 것은 아니다. "숟가락 하나, 포크 하나라 해도 초보자가 단 몇 시간만 투자해 결과물을 제대로 만들기란 어렵습니다. 그런 클래스에서 수강생이 직접 할 수 있는 건 많지 않아요. 공방에서 작업용 나무토막인 블랭크blank를 만들어 놓고, 조금 파게 하다가 정해진 시간 안에 마무리하기 위해 선생님의 손을 거치죠. 전체 과정을 이해하고 경험하기에 턱없이 부족한 시간이에요." 보통 손기술을 배울 때는 기계의 힘을 빌리지 않고 손으로 만드는 법부터 배운다. 제과 분야의 기초 수업 과정에서 손으로 머랭 치기를 먼저 시키는 것과 같이 목공에서는 밴드쏘나 테이블쏘와 같은 전동 기계를 사용하기 전에 도끼질이나 톱질부터 배운다. 기계를 쓰더라도 전 과정과 원리를 제대로 이해한 뒤 써야 하는 것이다.

　그는 수강생들이 부디 긴 시간을 들여 만족스러울 때까지 다듬고 또 다듬어야 하는 과정을 가벼이 생각하지 않았으면 하는 바람으로 수업을 준비한다. 정규 클래스의 첫 시간이면 그는 예리한 칼을 손에 쥐는 이 일의 위험성을 이야기하는 것을 잊지 않는다. '다 가능하다'가 아니라 여기에서 가능한 방식으로 결과물을 만드는 법을 이야기한다. 흥미만 부추기기보다는 짧은 배움에도 목공의 속사정을 전달하는 안내자로서 사람들과 함께한다.

마감의 고수

우드카빙으로 만든 기물을 살피다 보면 가장 먼저 눈에 들어오는 것이 칼자국이다. 회화에서 붓질이 특유의 마티에르matière를 만들어내듯 우드카빙에서는 칼자국이 질감을 좌우한다. 얼마나 둥근 환도丸刀로 파냈는지, 칼자국은 균일한지, 결이 뜯기지는 않았는지에 따라 느낌이 달라진다. 그만큼 칼을 잘 써야 한다는 이야기인데 하나 더 중요한 걸 꼽는다면 바로 마감 단계이다. 칼자국이 질감을 만들었다면 기물의 표면을 정리하는 마감은 완성도를 좌우한다. 똑같은 기물이라도 어떤 마감제를 바르느냐에 따라 인상이 확 달라지며, 동일한 마감제를 똑같은 횟수로 바른다 해도 바르는 양과 강도, 바른 후 닦아내는지 아닌지에 따라 전혀 다른 결과를 낳는다.

시중에는 수많은 마감제가 존재하기 때문에 원하는 느낌을 내고 표면을 오래 잘 보호할 마감제를 찾는 일이야말로 목수의 꾸준한 노력과 노하우가 뒷받침 되어야 한다. 사용할 때 입에 직접 닿는 일이 많은 조리 도구를 만드는 염동훈 씨에게는 마감의 완성도가 더욱 중요하게 다가온다. "나무 보풀은 사람의 각질이나 마찬가지입니다. 일어날 수밖에 없어요. 나무를 깎은 뒤 사포질로 다듬고 오일 한 번으로 마감한다면 설거지 한 번으로도 분명 보풀이 올라옵니다. 어떻게 하면 나무의 각질을 줄여볼까, 목수는 그 고민을 놓지 못합니다."

그는 자신에게 맞는 마감 방법을 찾기 위해 다양한 시도를 꾸준히 해왔는데 한때, 끓이는 방법을 이용하기도 했다. 부시크래프트에 관한 책에서 본 것으로, 주로 생목에 적용하는 방식을 건조목에도 활용해본 것이다. 지금은 주로 세 가지 방식으로 마감한다. 첫 번째로 물에 자주 닿는 커틀러리는 단단한 도막을 만드는 친환경 도막 마감제를 사용하고, 두 번째로 차 도구에는 미네랄 오일을 사용한다. 미네랄 오일은 인체에 무해한 물질로 알레르기 반응이 없고 향이 없어 차 도구에 사용하기 적합하다. 세 번째로는 호두오일을 바른다. 호두오일은 자연에서 찾은 마감제의 대안으로, 고체화되며 굳는 성질로 인해 나무를 보호하지만 이 역시 열에 약해 주기적으로 관리를 해줘야 한다. 앞으로는 천연의 마감법 중 가장 완벽하다고 이르는 옻칠을 공부해볼 생각이라며 염동훈 씨는 덧붙였다. "어떠한 마감제가 제일 좋다고 단정할 수는 없어요. 각 마감제의 특성을 이해하고 적합한 용도와 환경에 맞게 적용하는 것이 제일 중요합니다." 손으로 하는 일에는 답이 없다. 한 번, 또 한 번, 그 다음 한 번의 경험이 쌓여 자산이 되고 손맛이 된다.

염동훈 씨가 만든 기물에는 매일매일의 노력이 담겨 있다. 그래서 치밀하고 그래서 단단해 보인다. "나무를 깎는 삶을 선택하고 나서 인생이 드라마틱하게 바뀌지는 않았어요. 다른 사람들처럼 동일하게 하루를 살고 그것이 쌓여갈 뿐이에요." 그는 그런 하루가 축적되는 것에서 재미를 느낀다. 그렇기에 매일 똑같이 자기 일을 해나가며 오늘도 또 한 번 성실한 손길을 보탠다.

info

디에이치우드웍스 DHWOODWORKS
Instagram @dhwoodworks
Blog blog.naver.com/yeomdong5

Items

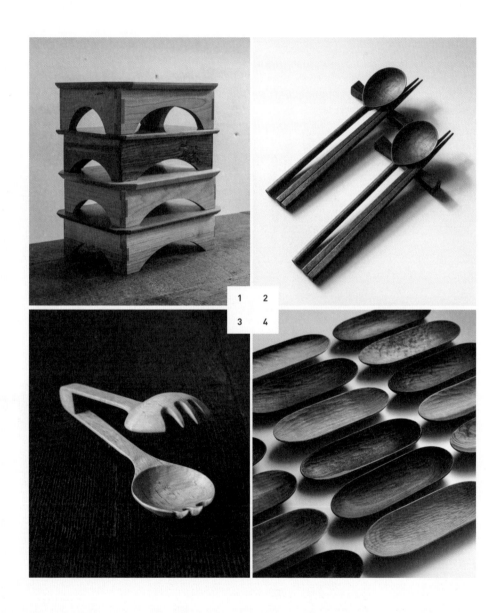

1 2
3 4

1 소반

"오늘날 소반은 크기와 형태에 따라 각기 다른 용도로 쓰입니다. 저는 주로 다과반의 일종으로 차 혹은 간단한 다과를 올리기에 적당한 크기와 형태의 소반을 만들어요. 좌식으로 사용하거나 상 위에 소반을 올려 트레이로도 활용할 수 있게끔 낮게 제작합니다."

2 수저 세트

"팔팔 끓여 먹는 탕 문화가 익숙한 우리나라에는 나무가 아닌 다른 소재의 수저가 발달했어요. 반면 일본은 뜨겁지 않은 음식을 많이 먹기 때문에 나무 수저가 발달하고 젓가락의 앞 코를 가늘게 깎아 음식을 섬세하게 집을 수 있게 했어요. 요즘은 식문화가 다양해지면서 우리나라에서도 나무 수저를 많이 쓰고 있는 만큼, 수저 세트를 제작할 때면 두께를 가장 많이 신경 씁니다."

3 집게

"집게는 무언가를 집을 때 휘어지기 때문에 나무의 탄성이 가장 중요합니다. 너무 얇으면 얇아서 부러지고, 너무 두꺼우면 섬유질들이 뭉쳐서 더 세게 집다가 부러진답니다. 적당한 두께와 길이를 유지해야 쓰기 편한 집게를 만들 수 있어요. 주로 탄성이 제일 좋은 단풍나무를 이용해 제작합니다."

4 다하

"찻잎을 덜어 놓았다 찻주전자인 다호에 넣을 때 사용하는 다하입니다. 용도가 있는 물건은 반드시 그 쓰임에 적합해야 합니다. 차 도구는 거래처인 〈산수화티하우스〉 대표님께 조언을 많이 얻습니다. 누구보다 차를 잘 아시니까 차 도구가 갖춰야 할 요건도 잘 알고 계시지요. 두께, 입의 폭, 크기가 차를 담는 데 적당하도록 신경 쓰고 찻잎 향을 느끼는 데 방해되지 않도록 무향의 마감제를 사용합니다."

공방명은 명확하게

상업성을 띤 브랜드라면 그 이름을 명확히 하고 알리는 일이 중요하다. 그런데 염동훈 씨와 인터뷰를 앞두고 한창 자료를 찾던 중, 이상하게도 정확한 공방명이나 브랜드명을 찾을 수 없었다. 한 매체에는 'ㅇㅁㅅㄱㄹ'라는 암호명 같은 이름으로 소개돼 있었고, 인스타그램 아이디는 'dhwoodworks', 클래스와 작업에 대한 좀 더 긴 글을 올리는 블로그에도 '소품 목공 작업실'이라고만 설명돼 있었다. 그리고 진실은 이랬다. 염동훈 씨는 애초에 목공도 하나의 산업이란 생각으로 공방 인근의 지명을 따 '용문산업'이라 이름을 붙이고 싶었는데, 비슷한 이름의 카페가 있어 그냥 '용문사거리'라 부르기로 했다. 한데 그 이름을 지명과 헷갈려 하는 사람이 있어 초성인 'ㅇㅁㅅㄱㄹ'라고만 부르기도 했다고. 제작자가 곧 브랜드 자체이기도 한 공예 분야에서는 브랜드명이 그다지 중요하지 않을 수도 있다. 하지만 사람들에게 혼선을 주지 않으려면 명확하게 정리할 필요도 있다. 염동훈 씨 역시 얼마 전 이름을 디에이치우드웍스DHWOODWORKS로 정리하면서 문제를 해결했다.

인스타그램 갤러리 오픈

염동훈 씨의 인스타그램에 자주 등장하는 키워드가 있다. 바로 '회원분 작업'. 그는 클래스의 수강생(그는 '회원분'이라 칭한다)이 만든 결과물을 스튜디오 촬영컷처럼 정갈하게 담아내 꾸준히 업로드하고 있다. 수강생들의 작품을 볼 수 있는 일종의 온라인 갤러리 같달까. 염동훈 씨가 의도했건 하지 않았건 두 가지 정도의 효과가 있는 것 같다. 하나는 그 작품을 만든 수강생의 성취감. 또 하나는 '나도 저런 걸 만들 수 있을까' 하는 잠재 수강생의 기대감. 목공 클래스를 하는 공방은 많지만 어떤 수업을 하는지, 어떤 결과물이 나오는지 생생한 정보를 알기 쉽지 않으므로, 수강생이 만든 작품 사진들은 분명 유용한 정보가 된다. 내 취향과 목적에 맞는 우드카빙 클래스인지 디에이치우드웍스 인스타그램 갤러리에서 가늠해보자.

자연이 그린 수묵화, 먹감나무

염동훈 씨는 밝은 부분과 어두운 부분의 색깔 차이가 큰 먹감나무를 즐겨 쓴다. 이러한 색깔 차는 감나무의 탄닌 성분 때문에 생긴 것이다. 감의 떫은 맛을 내는 탄닌 성분은 열매뿐만 아니라 나무에도 분포돼 있는데 비가 스며들어 일종의 화학작용으로 본래 나무 색을 일부만 검게 물들인 것이라고 한다. 마치 수묵화의 여백과 먹처럼 확연한 색깔 차이가 매력적이어서 예로부터 전통가구에도 많이 쓰였다. 하지만 먹이 예쁘게 든 나무를 구하기는 좀처럼 쉽지 않다. 천 그루쯤 베어야 한 그루의 예쁜 나무가 나올까 말까다. 이처럼 구하기 힘든 나무이기에 좋은 먹감나무를 잘 활용해서 만든 가구는 아주 높이 평가된다.

"합판으로 만든 작고 효율적인 가구"

자췻집에 쓸 책장이 필요해 내 돈으로 직접 산 첫
가구는 MDF 박스였다. 표면 도장조차 되지 않은
누런 박스를 직접 흰색 페인트로 칠해 썼고,
어찌나 부실한지 책을 꽂은 채 옮기다가 나사가
빠져버리는 불상사도 여러 번 겪었다.
하지만 짐이 늘 때마다 한 세트씩 사서 적층할 수
있는 나름 모듈러 가구modular furniture였으니
여윳돈이 얼마 없던 대학생에겐 충분히 만족스러운
소비였다. 다만 더 좋은 여건이 될 때 언제든 처분할
생각이었기에 자원 낭비이기도 했다.
애초에 튼튼함과 간결한 디자인을 충족하면서도
저렴한 가구를 살 수 있었다면 얼마나 좋았을까.
작은 집에 산다고 해서, 혹은 경제적으로 풍족하지
못한 시절이라 해서 꿈꾸는 삶이 작은 건 아니니까.
그 시절의 나, 그리고 지금의 우리에겐 삶을
보듬어줄 작고도 가치 있는 가구가 필요하다.
도잠은 바로 그런 가구다.

도잠

DOZAMM

이정혜 우드워커

합판이라는 소재

옛날 중국에 '무릎 하나 들일 작은 집이나 이 얼마나 편
안한가' 하고 노래한 시인이 있었다. 관직을 버리고 고향으로 돌아오는 심정을 한 수 시
로 읊은 그는 〈귀거래사 歸去來辭〉를 쓴 도잠이다. 그 이름을 딴 가구 브랜드 도잠. "누구
나 작은 집에서 살아가는 시대예요. 하지만 행복한 삶에 필요한 건 큰 집과 많은 물건이
아니라 마음의 평화가 깃든 집과 늘 손이 가는 정든 물건들이에요." 도잠을 이끄는 이정

혜 씨는 합판을 이용해 이렇듯 실용적이고 편안한 물건을 만든다.

그래픽 디자인을 전공했지만 어려서부터 삶을 채우는 물건에 관심이 많았던 이정혜 씨는 언젠가 제품을 만드는 사람이 되고 싶어 틈틈이 그 '언젠가'를 위한 준비를 했다. 목공 기술은 그래픽 디자인 회사를 운영하던 시절에 배웠다. 치밀한 마감의 중요성, 대패질, 조선 목가구의 짜맞춤과 같이 현재 도잠이라는 브랜드에 필요한 목공 기술 역시 그 시절에 대부분 익힌 것들이다. 그는 그래픽 디자이너로 때론 프로젝트로 제품 디자인을 담당하는 일을 해왔다. 이어 〈소생공단〉이라는 공예 온라인숍을 운영하며 다양한 물건을 팔아보기도 하면서 제품을 만들기 위한 자신만의 궤적을 그려왔다. 조바심 없이 목재를 경험하고 실험하고 도전해보는 긴 예행의 시간이었달까.

합판이라는 소재에 본격적으로 주목한 것은 2016년 유진경 소목장과의 프로젝트를 통해서였고 이는 도잠이란 브랜드의 시작점이기도 했다. 당시 〈소생공단〉의 대표이자 디자이너였던 그녀는 문화재청으로부터 무형문화재 이수자인 유진경 소목장과 협업해 가구를 만들어달라는 요청을 받았고, 그때 만든 것이 도잠의 스테디셀러 가구인 '올리다 OLIDA 모듈러 테이블'의 원형이다. 그가 디자인하고 유진경 소목장이 완성할 때까지 두 계절이 지났다. 들인 시간과 노력을 고려해 적지 않은 값을 매겼는데도, 중개료를 제하고 만든 이에게 돌아간 것은 재룟값 수준이었다. 판매가 역시 소비자에게 흡족한 숫자는 아니었을 테니, 과연 누구를 위한 것인가 하는 생각이 들었다.

"〈소생공단〉을 운영하면서도 비슷한 점을 느꼈어요. 공예품을 팔다 보면 주변에서 '비싸다'는 말을 많이 합니다. 곰곰이 그 원인을 생각해보니 높은 재룟값 그리고 부족한 인프라 때문이더라고요." 과거에 지역을 기반으로 발달했던 공예는 재료 준비부터 유통과 판매가 개인이 아닌 한 마을의 일이었고 지천에 재료가 있었다. 하지만 자연적으로 재료를 취할 수 없는 오늘날, 비싸지 않되 좋은 물건을 만들기 위해서는 재룟값부터 낮춰야 했다.

합판은 단단하고 저렴해 서랍장이나 장롱 문짝, 장식장 뒷면 등 다양한 생활 가구에 쓰였지만, 마감이 좋지 않고 접착제의 유해 성분 때문에 그간 실내 가구의 주인공 역할은 아니었다. 하지만 유해성과 안정성에 대한 기준이 생기면서 그에 부합한 소재가 개발됐고, 다양한 소재에 대한 사람들의 요구에 따라 최근 가구 업계나 인테리어 시장에서 인기를 끌고 있다. 도잠은 그 흐름을 이끌고 있으며, 안전기준 최고 등급의 합판을 사용해 저렴하고도 질 좋은 가구를 선보인다.

온라인에서 오프라인으로

원래 도잠은 온라인 채널을 타깃으로 한 브랜드였다. "온라인 마켓은 이전에 경험한 바 있어 익숙하기도 했고, 아이를 낳아 키우면서 일하려다 보니 응당 그래야 했어요. 초창기에는 택배 발송이 가능한 크기로만 제품을 만들 생각이었고요. 오프라인으로는 〈디앤디파트먼트〉, 〈루밍〉, 지금은 문을 닫은 〈퀸마마마켓〉 등 좋은 장소를 가지고 있는 유통업체에 위탁판매함으로써 소비자를 간접적으로 만날 수 있는 채널을 열어두는 정도였습니다."

하지만 결심한 대로만 일이 흐를 리 없다. 몸집이 더 큰 가구를 의뢰해오는 사람들이 점점 늘어났고, 공간 디자인 프로젝트를 맡을 때도 있었다. 그간의 제품을 모아 보여줄 만한 공간이 필요했다. 결정적으로, 소재부터 디자인까지 똑같이 베낀 카피 제품이 등장하면서 생각을 굳혔다. "앞으로도 그런 일은 빈번하겠죠. 그럴 때 일일이 싸우기보다 우리가 브랜드로서 더욱 단단히 자리매김하는 편이 가장 확실한 대응법이겠더라고요."

2019년 가을 오픈한 쇼룸은 망원 한강공원 입구가 내다보이는 한적한 골목에 자리했다. 1970년대 초에 지어진 오래된 건물을 리모델링한 쇼룸은 장식적인 요소를 배제하고 바닥과 벽면, 천장의 바탕 소재를 그대로 드러내 색감이 짙은 도잠의 가구가 돋보일 수 있는 담백한 바탕이 됐다. 쇼룸이 면한 골목길은 시종일관 조용하다. 앞서 이정혜 씨의 이야기를 통해 알 수 있듯, 쇼룸 오픈 전 도잠 제품이 입점한 오프라인 공간들은 소위 '힙플레이스'로 통하는 곳이었다. 그에 반해 조금 외진 장소를 택해 자리 잡은 특별한 이유가 있을지 궁금했다. "이곳은 젊은 층이 많이 오가는 곳도 아니고 유동인구도 많지 않습니다. 다만 공원으로 들어서는 길목이라 이 주변 사람들이 자주 찾는 곳이에요. 일반 시민들이 지나가다 무심코 발견해주었으면, 가장 보통의 사람들에게 쓰였으면, 그러한 바람으로 이곳에 자리 잡았어요."

이정혜 씨는 일주일에 서너 번은 쇼룸을 맡아 관리하며 간단한 조립을 하거나 사람들을 응대하고 생각을 정리하며 보낸다. 한편, 도잠의 가구가 만들어지는 곳은 인근에 있는 작업장이다. 도잠은 이정혜 씨의 철학과 디자인, 솜씨로 탄생한 브랜드지만 여덟 명의 '도잠이'가 제품을 만든다. 물론 그 여덟에는 이정혜 씨도 포함된다. 특이한 것은 분업으로 작업하지 않고, 한 사람이 온전히 물건 하나를 만드는 전인적인 방식을 택한다는 점이다. "당장의 생산성을 고려하면 샌딩은 샌딩, 칠은 칠만 하는 전담 인원을 두는 편이 좋겠지요. 하지만 전체 공정을 이해하고 하나의 물건을 처음부터 끝까지 만들어야 그것에 대한 책임을 질 수 있습니다. 각 단계에서 어떻게 해야 결과물의 완성도가 높아지는지 요령과 노하우도 터득하게 되고요."

반복적으로 분업화된 일을 하다 보면 소모되기 쉽다. 단순히 작업자가 아니라 도잠을 함께 이끌어가는 일원이자 노하우를 쌓고 물건을 만드는 장인으로 함께 성장하는 것이야말로 궁극의 생산성을 높이는 방법이라고, 이정혜 씨는 생각했다.

'도잠이'는 모두 여성이란 점도 흥미롭다. 이정혜 씨는 이들을 '여성 작업 공동체'라는 이름으로도 부른다. "목공은 오랫동안 남성이 전유해온 분야예요. 어렸을 적 목공을 배우면서 내가 홀로 목공소를 차려 운영하긴 힘들겠다는 결론에 이른 것도 그 때문이었어요. 커다란 목재를 이고 지고 다루는 데 힘에 부치는 게 사실이니까요. 가구를 사용할 때도 마찬가지입니다. 옛날 가구들은 특히 옮기려면 다른 사람 손을 빌려야 할 정도로 무겁고 컸어요." 도잠은 여성이 혼자서도 옮길 수 있을 만큼 가볍고 튼튼하면서도 쓸모 있는 가구를 만들며, 여성의 힘으로 보여줄 수 있는 새로운 형식의 가구를 지향한다.

만드는 사람의 고집

도잠의 가구는 단단함이 특징이다. 합판이라는 소재 자체의 단단함도 있지만, 만드는 방식과 제품의 인상에서 풍기는 단단함도 빼놓을 수 없다. 도잠의 가구는 조선 목가구의 짜맞춤 방식으로 만든다. 못과 나사를 쓰지 않고 오로지 나무의 맞물리는 과정을 통해 각 부분이 틈 없이 단단히 결합되고 다부진 외관이 완성된다. 외관의 견고함뿐만 아니라 그 안에 깃든 단단함 또한 느낄 수 있는 이유는 이정혜 씨가 제품 안에 담은 야문 생각들 때문이다. 그것은 크기도, 역할도 제각각 다른 도잠의 가구를 묶는 공통점이기도 하다. 도잠의 제품 라인업은 자유롭다. 테이블, 스툴, 책장, 트레이, 모니터 받침대, 독서대, 행거, 현관 선반, 반려동물 식탁, 북엔드 등 실내 공간에 필요한 모든 것을 아우른다. 이 다양한 제품들의 공통점은 다용도로 쓸 수 있다는 것, 즉 범용성을 갖췄다는 점이다.

"작은 집에 살면서 각각의 기능에 맞는 모든 물건을 갖출 수가 없습니다. 사용자가 용도를 맘대로 지정해 자기 공간을 주체적으로 바꿀 수 있는 구조적인 역할을 하기 바랐어요." 살림살이에 유독 '만능'이란 단어가 많이 붙는 것도 같은 이치일 것이다. 다만 '만능'이라면서 그 어느 기능도 특출나지 않아 '무능'인 경우를 경계해야 하는데, 도잠의 가구는 다기능을 부여한 게 아니라 가능성을 열어둔 것에 가깝다. 가장 많이 쓰는 높이와 편한 각도, 실용적인 형태를 고민한 간결한 디자인과 모듈러 구조는 사용자가 물건의 역할을 스스로 부여해 일상에서 다양하게 활용할 수 있도록 돕는다. 일례로, 형태는 같되 높낮이가 다른 '안자ANZA 스툴'은 의자로, 화분 받침으로, 사이드 테이블로 쓸 수도 있다.

또한 '작은 집에 사는 법'이라는 브랜드 슬로건에 맞게 제품마다 공간을 절약할 수 있는 작은 전략들이 숨어 있다는 점이 재미있다. 예를 들어 '올림OLIM 모니터 스탠드'는 상단 가운데 난 작은 홈 덕분에 벽면 끝까지 붙여 써도 전원선이 지나갈 수 있고, 키보드와 마우스를 수납할 수도 있다. 군더더기 없이, 꼭 필요한 물건을 만들고자 이리저리 고심한 흔적이 보인다.

이정혜 씨에게 가구는 꿈의 영역이었다. 그 꿈을 이룬 지금은, 마치 오랜 야인 생활을 하다 고향으로 돌아온 것만 같은 기분이다. 머릿속은 늘 즐거운 과제라도 되는 듯 구상 중인 물건 생각으로 가득하다. 다만 그것이 제품이 되기까지는 꽤 긴 기간이 필요할 것이다. 좀 더 쓸모 있는 제품의 탄생을 위해 느리지만 단단한 생각이, 섬세하고 꼼꼼한 손길이 깃들 것이므로. 그렇기에 도잠은 '잘 나가는' 브랜드가 아닌 '잘 만든' 가구로 기억될 것이다.

Info

도잠 DOZAMM
Instagram @dozammi
Homepage www.dozamm.com
Address 서울시 마포구 망원로 1-5

Items

1   2

3   4

1 올리다OLIDA 모듈러 테이블

"'올리다 모듈러 테이블'은 내 쓰임에 맞게 구성할 수 있습니다. 겹쳐 놓으면 책장처럼 쓸 수 있고, 단독으로 소반이나 티테이블로 쓸 수도 있지요. 중간 높이의 '올리다 소반'은 옛 선조들의 책상인 서안에 원형을 두고 만들었어요. 양반다리로 앉는 한국 문화에 맞게 실용적인 소반을 만들 수 없을까 하는 고민 속에서 탄생했지요."

2 마주MAZU 테이블

"'마주'는 마주 앉으면 즐거운 원형 탁자 시리즈입니다. 중간 크기인 '마주 90'은 지름이 90cm로 작지도 크지도 않아 둘이 쓰기 적당한 크기입니다. 아래위로 감싸주는 둥근 곡선은 한옥이나 한복의 부드러운 선을 모티브로 만들었어요."

3 엔드맨ENDMAN 북엔드

"개방형 책장이나 장식장 위에 두기 좋은 북엔드입니다. 책 한 권을 발뒤꿈치에 올려주면 안정적으로 버틸 수 있어요."

4 차차차CHACHACHA 차함 소반

"베지터블 가죽 손잡이를 달아 어디든 들고 나가 차를 마실 수 있는 차함 겸 소반입니다. 차함 안에 접혀 있는 티 매트를 펼쳐 찻자리를 만들 수 있고, 차와 차선, 다완과 다합은 〈맛차차〉, 〈휴야일상〉과 협업해 만들었어요. 이 제품은 소재와 공정이 많고 까다로워 한 주에 1개씩만 생산한답니다."

숨은 얼굴을 찾아보세요

이정혜 씨는 제품을 디자인할 때 기능만 담을 것이 아니라 대상으로 인식되게 해야 사람들이 그것을 기억한다고 배웠다. 이러한 개념을 적용한 디자인은 우리 주변에서 의외로 쉽게 찾을 수 있다. 옛 디자인을 보자면 조선 목가구의 개다리소반이 그렇고, 오늘날 자동차 디자인의 후면도 흡사 얼굴 같이 보이기도 한다. 이정혜 씨는 이러한 은유가 물건에 대한 애착을 불러일으켜 소중히 오래 사용할 이유가 되리라고 생각했다. 이에 도잠의 제품에는 모두 얼굴이 숨어 있다. 다만 '숨은 얼굴 찾기'를 해보라고 일부러 강조해 설명하지는 않는데, 사용자 스스로 알아차리는 즐거움을 주고 싶기 때문이다. 이미 알아챈 독자들도 있겠지만, 도잠의 소품과 가구에 숨은 얼굴들을 두 눈 크게 뜨고 찾아보자!

도잠 로고가 의미하는 것

한 면이 3개의 바늘땀으로 이루어진 작은 네모. 도잠의 로고 디자인은 한 사람이 누울 수 있고 작은 가구를 놓을 만한 방 한 칸의 크기를 상징적으로 표현한 것으로, 작은 방에서도 자유로운 꿈을 꿀 수 있다는 의미를 담고 있다. 한데 이정혜 씨는 얼마 전 지인과 대화하다가 이 디자인이 자신의 어린 시절과 닿아 있다는 생각이 들었다. 이정혜 씨가 중학생 때부터 결혼하기 전까지 20년간 살았던 방은 3m 크기의 정방형이었다. 그 빠듯한 방에서 요리조리 구조를 바꾸어가며 생활했던 자신의 과거를 떠올리다. 도잠의 로고가 어쩌면 어릴 적 자신의 방 풍경에서 따온 게 아니었을까 하며 무릎을 쳤다고.

타인의 필요를 수집합니다

이정혜 씨는 제품에 대한 아이디어를 주로 타인과의 관계에서 얻는다. 그래 픽 디자이너로 일했을 적에 클라이언트의 요구를 듣던 습관이 그대로 남아 지금도 상대방의 필요를 들으면 해결책을 제공하고 싶다는 맘부터 든다는 것이다. 일례로 반려동물 소반인 '냥반NYANGBAN'은 모니터 받침대를 사 가며 고양이 식탁으로 대신 쓰려고 한다는 고객의 이야기를 듣고 '정말 그 렇게 쓸 만한 제품이 없는 걸까?' 하면서 연구해 만들었다. 높낮이가 다른 '안자ANZA 스툴'도 카페 오픈을 앞둔 친구가 단차가 다른 공간에 대한 해 결책을 부탁해 탄생했으며, 각각의 단차에 맞게 높낮이를 택해 앉을 수 있 도록 세 가지 높이로 만들었다. 예쁜 물건을 좋아하지만 정작 자신이 갖고 싶은 것은 없는 편이라는 그는, 오늘도 다른 사람의 말에 귀 기울이며 제품 에 대한 아이디어를 번뜩인다.

메이드 마이
우드워커

made by
WOODWORKER

"재미있는 생각을 담습니다"

03

일본의 대목장 니시오카 쓰네카즈西岡常一의
철학이 담긴 『나무에게 배운다』에 이런 구절이 있다.
'목수의 일은 머리로 하는 게 아니고, 마지막에는
자신의 솜씨로 일을 마쳐야 하는 것입니다.
그래서 끝낸 일에는 거짓도, 감출 방법도 없는,
그 사람의 솜씨가 있는 그대로 드러납니다.'
스튜디오 루의 작업에는 안문수 씨의 빼어난 솜씨가
이처럼 거짓 없이, 가려진 것 없이 묻어나 있다.
칼자국에선 주춤한 기색 없이 시원하게 뻗어간 손의
행적이 드러나고, 깎은 것이지만 어쩐지 빚은 것마냥
부드러운 곡선 감각이 절묘하게 느껴진다.
한편, 그의 유려한 솜씨도 솜씨지만
더욱 흥미로운 것은 그만의 기발한 생각들이다.
아이를 위한 것, 가구 디자인, 거대한 설치 작업,
조각까지 분야를 광범위하게 아우르며,
만들어낸 작품마다 세심한 관찰의 흔적과
재미있는 생각이 숨어 있다.
오늘도 스튜디오 루에는 그의 솜씨와 생각을
궁금해 하는 사람들의 발길이 끊이지 않는다.

스튜디오 루

STUDIO ROU

안문수 우드워커

목수의 서막

　　살아가면서 가족만큼 우리 인생에 막대한 영향을 미치는 존재가 있을까. 때로는 따뜻한 손길로 때로는 오돌토돌한 상처로, 가족은 우리 맘에 많은 자국을 남긴다. 안문수 씨가 나무를 만지는 삶을 시작할 때, 그의 곁에는 아내가 있었다. 그는 한때 오디오 엔지니어로 일했다. 그 시절, 선배의 화실에서 아내 이현진 씨를 만났고 둘은 예술에 대한 이야기를 나눌 때 특히 통했다. 안문수 씨는 대학시절 조소를 전공했는데 그전부터 손으로 만드는 것이라면 무엇이든 뚝딱 해내는 타고난 재주꾼으로 유명했다. 누군가 작업을 하다가 기술적으로나 표현적인 부분에서 조언을 구할 일이 있으면 "문수를 찾아가라"는 말이 해답이 될 정도였다. 연애 시절, 그는 특기를 발휘해 이현진 씨에게 직접 만든 가구를 선물했다.

　　"선물한 가구들을 보면서, 주변의 이야기를 들으면서, 그리고 무엇보다 작업이나 예술에 대한 이야기를 나누면서 이 사람의 재주가 참 남다르다는 생각이 들더라고요. 그래서 부추겼습니다. 좀 더 좋아하는 일, 하고 싶은 일을 했으면 좋겠다고요." 이현진 씨의 부추김에 안문수 씨는 마음이 기울었다. 음악 듣는 것을 좋아해 오디오 엔지니어 일을 시작한 것이지만, 그의 가슴 한 구석에는 '나무로 무언가를 만드는 일'에 대한 욕망의 불씨가 여전히 남아 있었다. 졸업을 할 때 즈음에 IMF가 닥치면서 미술가의 길을 택하지 못했지만 언젠가는 꼭 조각가가 되리라 다짐하기도 했었다. 결국 결혼 후 작업실을 열었고 스튜디오 루가 탄생했다. 남편 안문수 씨는 목수로, 아내 이현진 씨는 기획자 겸 디렉터 역할로 함께한다.

　　안문수 씨는 본래 나무와 잘 맞는 사람이다. 보통 나무를 두고 접근하기 쉬운 재료라고들 한다. 그래서 선뜻 배우려는 사람도 많은 것이겠지만, 나무는 깊게 알면 알수록 어려운 재료이다. 안문수 씨는 그래서 더 나무가 좋았다. "틀에 박히거나 뻔하고 규격화된, 똑같은 일을 좋아하지 않아요. 저는 일단 뭐든 재미있어야 하는 사람인데 나무는 완벽히 헤아릴 수 없기에 끝없이 재미있는 존재거든요." 대학 시절에도 곧잘 나무를 이용해 작업해온 그는 아르바이트 삼아 가구를 만든 경험도 있었다. 무슨 일이든 물어보기보다 오래 걸리더라도 직접 탐구하고 깨우치길 좋아하는 습관대로 목공 기술도 책으로, 영상으로, 수많은 자료로, 그리고 직접 실험해가며 독학으로 익혔다. 시작은 아내의 부추김으로 인한 것이었지만, 이제 그 누구보다 자신을 위해, 자신이 재미있게 할 수 있는 이 일을 해나간다.

느리게 흘러가는 작업실

스튜디오 루는 원래 경남 창원에 있다기 2017년 봄, 판교 운중로로 이전해왔다. 몇 가지 이유가 있었는데 하나는 실리적인 선택이었다. 주문 제작 건이 수도권에 집중된 편이었고, 혼자 만들고 손수 배달까지 해주던 기존 시스템에서는 수도권까지 배송하기가 만만찮았다. 무엇보다 중요했던 건 자신이 하는 일의 가치를 알아보는 사람이 좀 더 많은 곳에 있어야겠다는 생각 때문이었다. 다만 당장 이사할 생각을 하진 못했는데, 마침 알고 지내던 그릇 브랜드에서 쇼룸 겸 작업장으로 쓰던 공간을 내놓는다는 소식을 듣고서, 후다닥 결정을 밀어붙였다. 작업도 일상도 보통은 느리게 흘러가는 이들 부부로서는 흔치 않게 거침없는 결정이었다. 그렇게 작업실뿐만 아니라 아이들 둘을 데리고 온 가족이 삶의 터전을 옮겨왔다. 이사 온 곳은, 작업실 곁엔 작은 공원이 있고 공원 뒤쪽으로는 야트막한 산을 끼고 있었다.

"이사 전후로 그 이면을 들여다보자면 힘든 일이 많았지요. 어린아이들을 데리고서 아예 새로운 지역으로 삶의 터전을 옮겨왔고, 작지 않은 규모의 작업실과 쇼룸을 마련하면서 금전적으로도 골머리를 앓았고요. 하지만 숫자를 제쳐두고 생각하면 정신적으로는 풍요로워지는 경험이었습니다. 도시에서 보기 드문 녹음이 지척에 있고, 내가 하는 일의 가치를 알아주는 사람도 많고, 할 수 있는 일도 더 많아졌으니까요."

이사 결심이 빨랐던 것치고 스튜디오 루는 참 느리게 공간을 완성해갔다. 이사한 지 3년이 넘은 지금에서야 작업실과 쇼룸이 "얼추 정리된 것 같다"고 이야기한다. 사실 이것은 창작자의 아이러니다. 모든 것을 스스로 할 수 있어 어떤 일이든 남에게 맡기기보다 스스로 하는 편인데 그러다 보니 틈날 때마다 조금씩 정리하고, 필요한 것을 만들어 이제야 제법 구색은 맞추게 된 것이다. 또한 구체적 그림이 마음에 차오를 때까지 대충 해치우지 않는 꼼꼼한 사람들이라는 점도 작용했다. 창작이든 생활이든 이들은 느릿느릿 움직인다.

작업실 생활도 단란하다. 공원을 지나 5분만 걸으면 집이 있기에, 아이들은 부담 없이 작업실에 들러 시간을 보낸다. 1층 아빠의 작업실에서 작은 손으로 조각도를 움켜 쥐고 나무를 깎아 보기도 하고, 엄마의 공간인 지하 1층의 쇼룸에서는 엄마를 졸졸 따라다니느라 바쁘다. 작업실 앞, 두 평 남짓의 작은 땅에 정원을 가꾸는 엄마를 따라 아이들은 씨앗을 심고, 꽃을 들여다보면서 평화로운 시간을 보낸다. 본래 교육을 전공한 이현진 씨는 예술교육과 철학, 미학에 대한 관심이 많았고 작업실이라는 공간 자체에서 이루어지는 창작과 그 과정을 세심하게 들여다보곤 했다. 안문수 씨의 재미있는 작업을 제일 처음 마주하게 되는 사람으로서 그 기록을 남기기 시작하다가 지금은 스튜디오 루의 디렉터로 자리잡았다. 안문수 씨가 손으로 자신을 표현한다면 그녀는 쇼룸이란 공간을 통해 자신을 표현한다는 생각으로 남편의 작업물을 연출하고, 나무와 관련된 콘텐츠를 다양한 방식으로 풀어낸다.

　　안문수 씨에게 창원에서의 시간이 나무를 탐구하고 자신에게 맞는 작업이 무엇인지 가늠하는 때였다면, 지금은 그간 여물어온 작업에 대한 생각과 솜씨를 마음껏 펼치는 시간이다. 안문수 씨의 작업은 스펙트럼이 넓다. 그는 그것을 스스로의 삶을 따라가며 작업이 진행되기 때문이라고 설명한다. 아빠가 되면서 아이를 위해 북극곰 미끄럼틀과 피노키오를 만들었고, 조형성을 바탕으로 한 나무 합, 소반 등의 가구 디자인을 했으며 개인전을 통해서는 평소 관심이 많은 오디오, 조명, 대형 설치 작업과 조각 등을 선보인다. 작업실 곳곳에는 그가 틈날 때마다 무심하게 깎아 만든 사람이나 동물 같은 구상 조각, 그리고 조형성을 담은 추상 조각도 많다. 보통의 소품이라도 예사롭지 않은 조각이나 세심한 디테일이 숨어 있다. 그는 특히 기계 작업보다 조각도로 깎는 행위를 좋아하는데, 생각을 오로지 손과 조각도라는 간단한 도구로 표현할 수 있다는 매력 때문이다. 그의 궁극적인 목표는 조형 작업 위주의 조각가의 길을 걷는 것이다. 아직은 하고 싶은 작업에만 집중하기가 쉽지 않지만, 지금껏 그랬듯 천천히 조금씩 이뤄갈 수 있을 거라고 생각한다.

밤의 시간

안문수 씨는 주로 밤에 작업한다. 낮에는 클래스가 있기도 하고 주변 사람들이 호기심에 들러 이것저것 묻기도 하고 아이들도 오가는 통에 작업에 전념하기가 여간 어려워서다. 밤은 집중할 수 있는 기운을 그에게 몰아주는 시간이다. "대학 때부터 그랬어요. 저녁 먹고 깜깜해질 무렵이면 조용히 작업에 몰두했습니다. 그 습관이 배어 있어서 지금도 저녁을 먹고서 작업실에 다시 나와요. 그러고선 12시 정도까지 작업을 하지요." 주택가에 위치한 작업실이기에 크게 소음이 나는 작업은 할 수 없지만 조각도를 쓰고, 구상하고 스케치하는, 안문수 씨가 가장 좋아하는 일들을 하는 데에는 고요한 밤만 한 게 없다. 주로 재미있는 작업이 많이 이루어지는 것도 이 시간이다. 아내 이현진 씨의 말처럼 "아침이 되면 갑자기 전날 저녁까지 없던 무언가가 '짠' 하고" 나타난다.

최근 작업한 연결과 성장을 주제로 한 조형 작업, 그리고 목선반으로 깎은 화병 언히든Un-hidden 시리즈, 혹은 아이를 위한 동물 조각이나 창과 방패 같은 재미있는 작업도 모두 밤의 결과물이다. 하지만 이것이 모두 뚝딱 완성됐다고는 말할 수 없을 것이다. 창작에서 한방이란 성립할 수 없는 말이다. 숙련된 솜씨이기에, 짧은 시간 안에 완성해내지만 실은 그것이 길게는 십 몇 년, 짧게는 몇 개월 동안 머릿속에 떠다닌 생각의 조각들이 빚어낸 결과물이다. 머릿속에 투명 레이어를 이루며 쌓여간 생각이 어느 날 스파크가 튀고 화학작용이 일어나 하나의 결과물로 탄생한다. 그럴 땐 당장에 해치워야 한다. 재밌는 생각이란, 아이디어란 내일이 되면 달아난다. 목수가 밤늦도록 작업실을 떠나지 못하는 것은 그런 이유에서다.

반면 낮 혹은 작업하지 않는 시간은 그가 영감을 발견하는 시간들이다. 자연의 형태를 살피고 질감을 살피고 색감에서 아이디어를 얻는다. 얼마 전에는 아이들과 물가로 캠핑을 가서 한참이나 물 속에 들어가 있었다. 일렁이는 햇빛의 결, 흔적, 무늬가 그날따라 오묘해 계속 바라볼 수밖에 없었다. 평소 물에 닿는 걸 싫어하는 남편이 한참 동안 나오지 않는 것을 보고 아내가 "당신 뭐해요" 한마디를 던졌다고 한다. 안문수 씨는 "작업 구상 했어"라고 대답했다. 장난이 반쯤 섞여 있는 대꾸였지만 아내 이현진 씨는 이내 진지하게 듣고서 같이 그 장면을 오래 바라보았다. 어느 날은 충북 야산에서 벌목한 통나무를 구해와서 두고두고 보다가 문득 머릿속에 떠오르는 형상을 내키는 대로 목선반으로 깎아서 나무에 내재된 이야기와 형상을 언히든 시리즈로 풀어냈고, 또 어느 날은 작업실 곁의 산에 오르다 발견한 나무 덩굴 조각을 주워다가 합의 뚜껑에 비슷한 조각으로 구현해보았다.

일상의 많은 순간은 잠자코 안문수 씨의 머릿속에 있다가 예열의 시간을 거친 뒤 비로소 무언가로 탄생한다. 아내의 생각이 남편에게 물을 주고, 남편의 작업이 아내에게 영감을 주기도 한다. 이따금 그 평범한 일상은 목수의 손에서 비범한 무언가로 태어나 또 하나의 궤적을 남긴다.

info

스튜디오 루 STUDIO ROU
Instagram @studio_rou
Address 경기도 성남시 분당구 운중로255번길 68

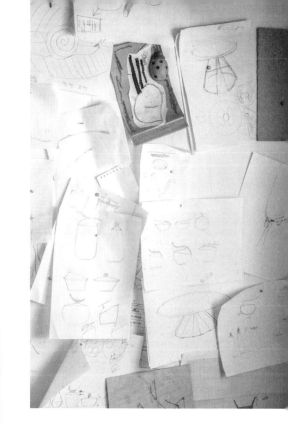

1 2
3 4

1 우드혼

"고전적인 축음기 디자인의 오디오 나팔을 본떠 만든 나무 스피커입니다. 제가 작업하며 음악 듣는 것을 좋아하거든요. 나를 위한 선물로 2013년부터 만들기 시작했어요. 수많은 나무 조각을 이어 붙인 나팔, 일일이 손으로 파내는 나무관, 세부 금속 요소와 스피커 장치까지 많은 시간과 노력을 들여야 완성됩니다. 나무관을 통과하며 소리에 따뜻한 질감이 덧입혀져요. 다양한 크기와 형태가 있습니다."

2 나무 조각 합

"소중한 기억과 물건을 담는다는 의미를 담은 합 시리즈입니다. 뚜껑 위에 사계절 동안 자연에서 느꼈던 아름다운 순간을 조각했어요. 색과 고유의 질감이 다른 수종을 함께 사용하여 각자의 이야기를 품게 했습니다."

3 타원 소가구 시리즈

"가장 완벽하고 아름다운 형태의 타원을 그리기 위해 못과 실, 연필을 이용해 아날로그 방식으로 그립니다. 소반 상판의 뒷면은 일일이 대패로 깎아내어 가운데에서 끝으로 향할수록 날렵하게 만들며 이것이 전체 디자인의 인상을 좌우합니다. 기둥 역시 타원형이며 타원과 타원이 조형적으로 만나는 이상적인 비율과 형태를 고민했습니다."

4 고래 조각

"아이가 좋아하는 고래를 조각하기 위해 고민한 시간만 일 년 반입니다. 그 사이 아이의 책으로, 사진으로, 동영상으로 혹등고래, 흰수염고래, 향유고래 등 수많은 고래를 보고 탐구했습니다. 고래 조각을 하기 시작한 지 4년쯤 지난 지금은 거의 고래 박사가 됐어요. 온 가족이 고래를 사랑하게 된 것은 물론이고요."

아카데미는 진화 중

스튜디오 루의 아카데미 프로그램은 남편의 조각도와 조각 작업에 매력을 느낀 이현진 씨가 적극적으로 기획해 만든 것이다. 창작의 과정에서 오는 아름다움을 유심히 보는 그녀는 조각도라는 도구, 그리고 나무를 깎는 행위가 매력적이라고 생각했다. 조각이라 하면 지극히 전문적인 분야라 여겨 접근하기 어려워하지만 보통 사람들도 조각도를 이용하면 창작할 수 있다. 스튜디오 루의 우드카빙 아카데미는 깎고 새기는 행위carving에서 깎아 만든 조각품sculpture으로 나아가는 과정을 지향한다. 단순히 물건을 따라 만드는 것을 넘어 스스로 디자인하고 창작하도록 돕는다. 아카데미 멤버들을 위한 폭넓은 워크숍과 다른 작가들과 연계한 가죽공예 클래스, 기획 전시 등 나무를 매개로 한 다양한 콘텐츠를 선보인다.

위대한 창작의 작은 시작

스튜디오 루의 두 부부는 창작에 관한 자신들의 생각을 하나의 일화로 설명한다. "2019년에 홍상수와 봉준호 감독이 각각 영화계의 큰 상을 받으며, 시상식에서 한 이야기가 기억나요. 홍상수 감독은 '가장 개인적인 것이 가장 창의적인 것'이라는 마틴 스코세이지Martin Scorsese 감독의 말을 인용했고, 홍상수 감독은 '나는 큰 그림을 그리거나 큰 의도를 갖는 그런 세계에 살고 있지 않다. 작은 세계에서 조그맣게 사는 사람'이라고 소감을 말했죠. 위대해 보이는 예술가도 결국 한 사람입니다. 이는 우리와도 관련된 이야기예요. 우리는 주변의 자연, 그리고 겪은 것을 바탕으로 작업으로 풀어냅니다. 많은 창작이 그렇습니다. 일상에서 출발하지만 깊은 생각이 담겼고, 위대하지만 실은 아주 작은 출발이 있죠. 그걸 기억한다면 누구나 위대한 창작을 할 수 있고, 위대한 예술이라 해서 마냥 우러러보지 않아도 될 거예요."

도심 속 정원

스튜디오 루 건물 앞에는 두 평 남짓한 공용 화단이 있다. 아내 이현진 씨에
게 작업실 생활의 가장 큰 기쁨 중 하나는 이 땅을 일구는 것이다. 사과나무
한 그루와 포도나무 한 그루가 각각 큰 축이 되어 자리 잡았고, 수레국화,
풍선초, 양귀비, 스티파, 클레마티스 등 다양한 식물이 자란다. 철따라 꽃이
피고 지고 수풀을 드리우며 이 작은 정원에 계절이 드리운다. 주변 이웃들
도, 스튜디오 루를 찾는 사람들도 이곳에서 작은 안식을 찾는다.

메이드 하이
부드워커

made by
WOODWORKER

"마음을 위로하는 물건을 만듭니다"

'컴포트 푸드Comfort food'라는 말이 있다.
위로의 음식, 혹은 위안의 음식이란 말로 풀이되는데
마음을 평안하게 감싸주는, 따뜻한 기억이 담긴
음식을 이른다. 그렇다면 물건도 우리에게
위로가 될 수 있을까. 김승현 씨는
'마음을 위로하는 목소품'을 만든다.
그리고 그것을 만드는 과정에서 자신도 위로 받는다.
시간이 쌓여 이룬 결, 긴장을 누그러뜨리는 온화한
색감, 만질 때의 부드러운 촉감까지 그는 나무의
따뜻한 물성을 좋아한다.
실은 기획부터 결과물까지 혼자 다루기 쉬운
소재라는 이성적인 판단으로 나무를 택한 것이지만,
나무는 그보다 많은 것을 내어주었다.
자신이 만든 나무 소품도 누군가의 마음을
어루만져주길 바라며 김승현 씨는 오늘도
온기를 담아 작업한다.

우들랏

WOODLOT

김승현 우드워커

늦은 밤, 잠 못 드는 가게

　　연희동의 번화가를 조금 비켜난 작은 도로변, 밤늦도
록 따뜻한 빛이 새어 나오는 작은 가게가 있다. 널따란 쇼윈도 너머로 들여다보이는 실내
에 고운 색을 칠한 도형들이 어디서 부는지 모를 바람결을 따라 살랑인다. 모빌 위주의
작은 소품을 만들고 판매하는 가게 우들랏이다. 유리문에는 분명 휴무일인 월요일과 화
요일을 제외한 매일 오후 1시부터 7시까지 오픈한다고 쓰여 있지만, 주인도 없는 가게가
소등하는 것은 새벽 한 시, 버스가 끊길 때쯤이다. 그제야 미리 맞춰 놓은 타이머에 따라
조명이, 잔잔한 바람을 일으키던 서큘레이터가 함께 꺼진다.

　　김승현 씨는 적어도 길가에 사람이 오가는 동안은 이곳을 불 꺼진 암흑의 공간으로 내버려 두고 싶지 않았다. 그는 우들랏을 열기 전 미술관 큐레이터로, 출판사 편집자로 일했다. 분야는 다르지만 큐레이션과 에디팅은 좋은 콘텐츠를 기획하고 선별해 의도에 맞게 보여준다는 면에서 비슷하다. 그는 지금도 물건을 만드는 창작자이면서, 그 물건을 어떻게 보여주면 좋을지 고민하며 한 칸의 공간을 큐레이션하고 편집하는 사람이다. "저는 주로 가게 안에 머물지만 가게 밖에서 이곳이 어떻게 보이는지 중요하게 생각합니다. 밤이면 종종 길을 건너가 저 너머에서 가게를 살펴봐요. 조금 식상한 표현이지만, 이곳이 내 이야기가 펼쳐지는 무대라 생각해 물건을 배치하고 구도를 바꿔가며 보여주고 싶은 장면을 구성합니다."

그의 세심한 손길은 비단 보이는 곳에만 머물지 않는다. 가게 안으로 들어서는 순간 잔잔한 음악이 에워싸고, 한쪽에 자리 잡은 모니터에서는 어딘지 모를 거리를 누비는 영상이 흘러나온다. 자신이 이 공간에서 자유로움을 느끼듯, 이곳을 찾아온 사람도 휴식하고 위로를 얻기 바라는 김승현 씨의 바람이 느껴진다. 인적이 뜸한 밤길에 배웅이라도 하듯 환하게 비추는 가게는 그의 포근한 마음이다.

김승현 씨는 좀 더 단순한 삶을 살고 싶어 이 일을 택했다. 단순한 인간관계로 할 수 있는 일, 혼자 시작해서 혼자 끝낼 수 있는 일, 자신에게 집중할 수 있는 일을 고민했고 목공으로 귀결됐다. 직장을 그만둔 뒤, 목공을 배우고 홀로 작업하며 2년 이상 천천히 창업을 준비했던 그는 임산물 생산이나 심신 회복을 위해 쓰이는 숲 공간을 뜻하는 우들랏woodlot이란 이름을 발견하고 본격적으로 가게를 구체화해 나갔다. 우들랏은 지금 매력적인 모빌을 만날 수 있는 가게로 이름을 알리고 있는데, 애초에 모빌은 그가 작은 규모로 혼자 꾸리기에 적합한 창업 아이템으로 선택한 목소품 중 하나였다. 한데 2019년 7월 가게 오픈을 하고 불과 1년 남짓 동안, 그가 만든 모빌이 공예·디자인 분야에서 알음알음 알려지며 몇몇 매체에 소개되고 부러 찾아오는 사람까지 생기면서, 모빌은 우들랏을 대표하는 품목이 됐다. 길지 않은 운영 기간이지만 부지런히 작업을 병행해 어느덧 판매하는 목소품이 50여 종이나 된다. 모빌이 대부분이지만 가게 한편에는 여전히 펜 쟁반, 사진 프레임, 행거, 자석 등 다른 소품도 놓여 있다. 창업 3년째를 맞는 내년쯤에는 제품 라인업을 어떻게 꾸려나가야 할지 다듬을 계획이다. 그때까지는 사람들이 찾는 것, 그리고 지금 그가 즐겁게 할 수 있는 일에 집중할 생각이다.

움직이는 조각, 모빌

모빌은 본래 미술품으로 탄생했다. 1932년 키네틱 아트kinetic art 선구자로 불리는 알렉산더 칼더Alexander Calder가 '몬드리안의 작품을 움직이게 하고 싶다'는 생각으로 움직이는 조각을 만든 것이 시작이다. 작품을 본 마르셀 뒤샹Marcel Duchamp이 최초로 모빌이란 이름을 붙였다. 이후 서양에서 모빌은 단순히 미술품에 그치지 않고 실내 장식품으로도 쓰였다. 반면 우리나라에서는 모빌 하면 아이들의 인지 발달을 위한 장난감이란 인식이 강했다. 근래 들어 인테리어에 대한 대중의 관심이 높아지면서 장식용 오브제와 소품이 다양해졌고, 모빌도 새로이 주목받고 있다. 우들랏 역시 이러한 시장의 변화와 함께 성장한 경우다.

칼더는 모빌의 창시자이지만 새로운 모빌의 탄생을 어렵게 한 사람이기도 하다. 그가 워낙 다양한 실험과 시도를 해버렸기에 '칼더 그림자 벗어나기'는 모든 모빌 브랜드의 공통 과제나 다름없다. 또한 모빌은 기하학 도형과 선으로 이루어지고 어딘가에 매달리거나 고정된 채 움직이는, 자유가 제한된 창작이라는 점도 어려움을 더한다. "칼더의 모빌은 곡선을 많이 사용해 흡사 유기체 같은 모습이에요. 생명력이 느껴지죠. 저는 되도록 직선형 도형을 많이 사용해 더 명료한 느낌을 강조해요." 김승현 씨는 우들랏만의 모빌을 만들기 위해 열중한다.

지금이야 모빌의 가능성을 실감하지만, 초창기에는 '과연 이게 팔릴까' 하는 의구심도 있었다. 그의 마음을 잡아준 것은 손님이었다. 김승현 씨는 첫 손님을 기억한다. 가게 정리도 미처 마무리 못 한 채 작업에 열중하고 있을 때, 지나가던 동네 주민 한 분이 문을 열고 들어섰다. 가격도 책정하기 전인 프로토타입 모빌을 사가겠다 했고 얼떨결에 그는

그것을 팔았다. 시장이 커지고 전망이 밝아진다는 희망적인 뉴스도 좋지만, 자영업자에게 강렬한 확신을 주는 것은 이러한 구체적인 만남이다. 구체적인 만남이 쌓일수록 불안감이 잦아들고 대신 용기가 움튼다. 그는 사람들이 우들랏 같은 가게를 내심 원했을지도 모른다고 조심스럽게 짐작해본다. "덴마크의 플렌스테드Flensted를 비롯해 기존에도 인테리어용 모빌을 생산하는 곳이 있었어요. 구태여 우들랏을 찾아오고 좋아해 주시는 것은 국내에서는 아직까지 모빌에 집중하면서 매장까지 갖춘 브랜드가 없었기 때문인 것 같아요. 모빌은 직접 봐야 더욱 매력적인 물건이니까요."

그의 말처럼 모빌은 가능하면 실물을 확인한 뒤 사야 할 물건이다. 운동성을 지닌 입체 조각이기에 실제 마주했을 때의 매혹을 사진으로 대체할 수 없다. 얼핏 정물처럼 멈춰 있는 듯 보이지만 잠깐 고개를 돌린 사이 형태가 달라진다. 사람의 작은 몸짓이 일으키는 공기의 파동에도 반응한다. 그 미세한 움직임을 좇다 보면 머릿속의 복잡한 생각이 달아난다. 우들랏을 방문한 손님들이 꽤 긴 시간 머무는 것도 그런 이유 때문이 아닐까. "정지된 채로도 아름답지만, 모빌의 가장 큰 매력은 단지 멈춰 있지 않다는 거예요. 움직일 수 있는 가능성을 품고 있죠. 거기에서 오는 긴장감이야말로 우리가 모빌에서 눈을 떼지 못하게 만드는 것일지도요."

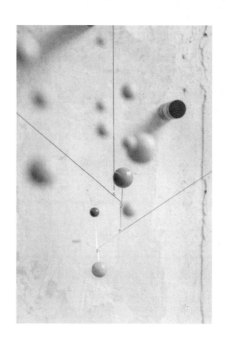

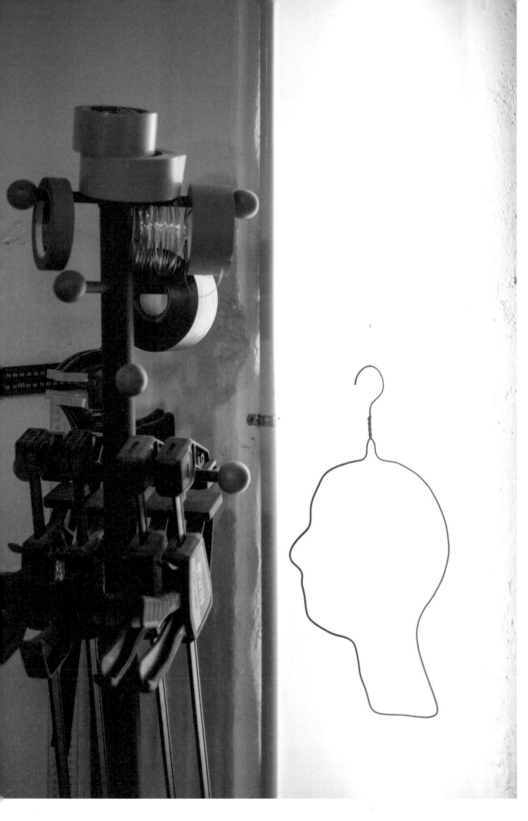

작업의 세계

우들랏이 자리한 건물은 2층 규모다. 1층이 쇼룸 겸 작업장, 2층은 휴식하거나 자재를 보관하는 개인 공간이다. 손님들이 볼 수 있는 1층은 그의 꼼꼼한 성격대로 잘 정리돼 있지만 쇼룸을 겸하는 만큼 작업 공간은 협소하다. 작업대도 단출하다. 이는 모빌을 만드는 데 큰 공간, 많은 재료가 필요한 것은 아니란 점을 말해준다. 주요 재료는 나무, 황동 선, 낚싯줄 정도이며, 결과물이 작다 보니 나무도 커다란 원판이 아니라 목봉이나 각재를 사 와 쓴다. 전동기계도 자를 때 쓰는 테이블쏘와 밴드쏘, 구멍을 뚫을 때 쓰는 드릴프레스, 마감할 때 쓰는 샌딩기 정도로 간소하게 갖추었다. '이만하면 충분하다'라고 흔쾌히 표현할 수는 없어도 제작 공정을 소화할 '기본은 된다'. 모빌은 재료를 펼쳐 놓고 그것을 조립해가는 방식으로 만들어진다. "스케치로 시작되지 않고 시작할 수도 없더라고요. 그림에는 무게가 없으니 그 상태로는 균형이 잡히지 않아요. 스케치에서 출발하더라도 만들다 보면 다른 모양이 됩니다." 가구나 의자를 조립한다면 중간에 점점 형태가 드러난다. 하지만 모빌은 완성한 후, 들어 봤을 때 그 순간에야 결과물이 드러난다. 곁에서 두 눈 크게 뜨고 지켜본다 해도 진행 정도를 파악하기 어렵고 오로지 만드는 사람만 알 수 있다. 마치 지도에 없는 마을을 기억으로 찾아가는 격이랄까. 때로는 만드는 이도 예상 밖의 상황에 봉착할 때가 있다. 그렇기에 더 스릴 있게 상상을 실현해나간다.

매다는 방식이나 쌓아 올리는 방식이나 모빌에서 중요한 것은 균형감이다. 그렇다 보니 나무를 고르는 상위의 기준은 무게다. 상대적으로 묵직한 하드우드 계열을 많이 사용하며, 때에 따라서는 무게 때문에 월넛을 사용하기도 색의 조화를 위해 아크릴 물감을 칠해버리기도 한다. 알록달록한 색감은 우들랏 모빌의 특징이기도 한데, 물감에 따라 한 겹으로 원하는 느낌을 낼 수 있는가 하면 어떤 것은 여러 겹을 발라야만 매끄럽게 마감된다. 나무는 단순하고 똑 떨어지는 형태를 구현하기 좋은 재료이지만 작은 형태로 묵직한 느낌을 주고 싶을 때는 한계가 있다. 이 점을 극복하기 위해 김승현 씨는 돌이나 철, 콘크리트 등 다른 소재에 대한 공부도 병행해 더 다양하게 만들어보고 싶은 욕심이 있다.

김승현 씨는 길가를 내다보며 일하는 깃을 좋아한다. 칭밖에는 드문드문 행인이 오간다. 차 소리가 끊이지 않지만 유동 인구는 적은 길이라 방문객도 적고, 대부분 작정하고 찾아오는 사람들이다. 평일 다섯 명, 주말 열 명 남짓 될까. "상품 판매만 하는 숍이라면 너무 적은 숫자겠지만, 공방 겸 쇼룸으로 운영하는 입장에서는 작업하는 데 방해가 되지 않는 수준이에요." 훤히 드러난 쇼윈도로 누구나 들여다볼 수 있지만, 자주 방해를 받지는 않는 이곳에서 그는 작업하고 휴식하며 단순한 하루를 보낸다. 멈춰 선 듯하지만 뒤돌아보면 그새 조금 움직인 모빌처럼, 미세하게 그러나 기필코 조금씩 움직인다.

Info

우들랏 WOODLOT
Instagram @_woodlot_
Address 서울시 서대문구 증가로 31

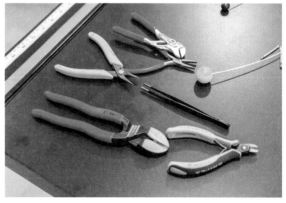

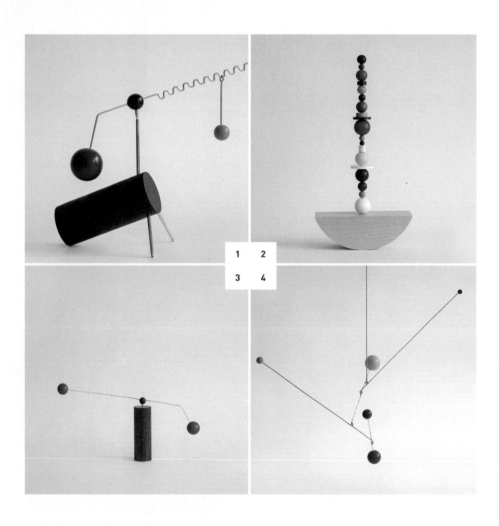

| 1 | 2 |
| 3 | 4 |

1. 프-228

"대롱거리는 하늘색 추의 위치를 앞뒤로 옮겨서 상체의 기울기를 바꿀 수 있는 스탠딩 모빌입니다. 우들랏의 물건 중 가장 화려한 생김새를 가지고 있어요."

2. 곤-247

"좌우 왕복 운동을 하는 오뚝이 모빌입니다. 다양한 색깔과 크기의 구, 원반, 원기둥을 수직으로 세운 백동봉에 하나씩 꽂아 형태를 완성하는 구조예요. 그 배열을 입맛대로 바꿔가며 즐길 수 있지요. 무거운 요소를 위쪽으로 몰아 놓으면 움직임이 느려져요."

3. 재-143

"우들랏이라는 이름을 걸고 가장 처음 만든 모빌입니다. 그동안 여러 차례 만들면서 기울기, 색깔, 구의 크기 등을 미묘하게 바꿨습니다. 구에 다양한 색을 입혀 봤지만 진한 갈색 호두나무 스탠드에 이 이상으로 어울리는 배색을 아직까지는 찾지 못했네요."

4. 반-206

"황동 관절 끝에 이쪽저쪽 공간을 찌르는 듯한 5개의 구가 달려 있습니다. 서로 무게중심을 의존하고 있기 때문에 하나만 건드려도 모두 움직여요. 그 움직임을 종잡을 수 없다는 게 매력적입니다."

암호 아닌 제품명

우들랏의 제품명은 한글 한 자와 숫자 조합으로 이루어져 있다. 구분을 위해 의미 없이 붙인 이름으로 제품명만 나열해두고 본다면 흡사 암호 같다. 김승현 씨는 요즘 이러한 제품명조차 의미가 없다고 느낀다. 대부분의 사람들이 인스타그램 계정에 올린 제품 사진을 직접 찍어서 문의하거나 주문하기 때문이다. 더 이상 제품명이 필요치 않은 시대, 이미지의 시대라는 것을 새삼 체감한다.

기억 속 모빌

모빌을 만드는 사람이 감동한 모빌은 무엇일까? 김승현 씨는 몇 년 전 독일 슈투트가르트를 여행했을 때의 기억 하나를 풀어 놓았다. 보행자 전용 대로의 한복판에 칼더의 스탠딩 모빌이 한 점 있었는데, 저지선이나 안내판 하나 없이도 사람들이 훼손하지 않고 도시와 잘 어우러진 모습이 인상깊었다. 전시장의 화이트큐브 속에 있는 작품보다 훨씬 생동감 있는 모습이었다. 그때는 자신이 모빌을 만드는 사람이 될 줄은 몰랐지만, 지금은 그 기억으로 말미암아 언젠가 커다란 모빌도 꼭 만들어보고 싶다는 바람을 품어본다.

산책하는 모빌

우들랏 인스타그램에서 특히 인기있는 콘텐츠가 있는데 바로 숲에서 촬영한 모빌이다. 멈춰 있는 모빌도 나름대로 아름답지만 모빌이 가장 아름다운 순간은 움직일 때, 이왕이면 자연 바람으로 움직일 때다. 산책을 좋아하는 김승현 씨가 종종 산책길에 모빌을 가지고 나가 그 아름다움을 감상하고, 모습을 찍어 올린다. 삼각대를 들쳐 매고 카메라와 모빌을 하나씩 챙겨 '어디에 걸고 찍을까' 저벅저벅 걷노라면, 마치 사냥이라도 나선 기분이다. 적당한 사냥감을 찾는 사냥꾼처럼 그의 눈도 숲 곳곳을 누빈다. 그러다 마음에 드는 장소를 찾으면 거기에 모빌을 걸어본다. 지나가던 행인은 그 모습에 발걸음을 멈추고, 이어 SNS에 올라간 사진도 사람들의 시선을 빼앗는다.

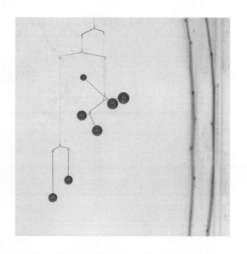

"익숙한 것을 낯설게 봅니다"

아내 김순영 씨의 말에 따르면
남편 임정주 씨는 '신기해 병'을 앓고 있다.
하루에도 수차례 "신기해"를 연발하는
그야말로 아내 눈에는 참 '신기하다'.
한데 임정주 씨가 가진 익숙한 물건을
낯설게 보는 습관은 물건연구소에는
꽤 긍정적으로 작용하는 것 같다.
일상의 온갖 물건들이 왜 그렇게 생겼는지
궁금해하고 그것을 조금 더 편리하게,
기능적으로 개선하고 싶어하기 때문이다.
어떤 형태를 띠어야 할지, 자신들이 만든다면
어떤 디자인으로 완성될지 연구한다.
이쑤시개부터 옷걸이, 효자손같이
사람들이 무심코 지나칠 작은 물건부터,
먼 훗날에는 집에 이르기까지 물건연구소는
자신들의 방식으로 새롭게
탄생시키고 싶은 물건이, 참 많다.

물건연구소

OBJECT LABS

임정주, 김순영 우드워커

변화합니다

2015년 시작해 어느덧 6년 차를 맞은 물건연구소는 나무를 기반으로 한 브랜드이자 디자인 스튜디오로, 아내와 남편이 함께 꾸려간다. 브랜드도 하나의 생명과 같아서, 시기에 맞게 변하고 성장한다. 물건연구소도 지난 시간 동안 꾸준히 변해왔다. 물건을 연구하고 판매하는 브랜드로 시작했다면, 2018년부터는 작가 생활에 더 집중해 주로 새로운 시리즈 작품을 전시를 통해 발표하며, 디자인 스튜디오로서 클라이언트 업무 위주로 일한다.

물건을 만드는 태도도 달라졌다. 초창기에는 "손으로 만들 수 있는 물건은 손으로 만든다"는 생각이 핵심이었다. 그래픽 디자인을 전공하고 제품 디자인으로 유학해, 디자인 회사와 스튜디오에서 일한 경험이 있는 임정주 씨는 영국 유학 시절, 물성 워크숍을 통해 목선반을 접했다. 이후 영국에서 제품 목업을 만들 수 있는 목공 기본 기술을 익히고, 국내에 돌아온 후 2013년부터 1년 반 정도 박정화 공예가에게 목선반 기술을 배웠다. 그즈음 임정주 씨는 외주 생산의 한계를 절감하던 차였다. "가격 때문에 품질이 낮아

지거나 품질 때문에 가격이 높아지기 일쑤였어요. 디테일까지 마음에 차는 물건을 직접 만들고 싶다는 욕심에 목선반을 제대로 배워보자 싶었죠. 당시 여자친구였던 순영이에게 이야기를 꺼냈더니 선뜻 같이 배우겠다더군요. 순영이는 호기심이 많은 편이거든요. 그렇게 함께 시작하게 됐습니다."

목선반 기술은 주로 물건연구소가 나무로 물건을 만드는 대표적인 방식이다. 영어로는 우드터닝woodturning이라고도 부르는데 회전하는 가로축에 나무를 끼우고 칼을 대어 깎는 방식이며 주로 원통형 사물을 만들 때 쓴다. 테이블의 둥근 다리, 둥그런 화병 그리고 우리나라에서는 주로 나무로 된 제기를 만들 때 많이 활용하던 방법이다. 물레로 도자를 빚을 때도 그렇듯 회전력을 이용한 손작업에서는 숙련도가 중요하다. 자칫 딴생각을 하거나 칼을 더 깊게 갖다 대면 눈 깜짝할 사이 형태가 틀어진다. "손으로 하는 일이 모두 마찬가지지만 같은 선을 깎기로 했는데 아내와 제 결과물이 다르고, 내가 같은 걸 두 개 만들어도 똑같지가 않아요. 작업하는 그 순간 작업자의 특성이 고스란히 담긴다는 점이 손작업의 매력인 것 같아요."

여전히 손의 가치는 물건연구소의 바탕에 있지만 모든 것이 제 손에서 탄생해야 한다는 강박에서는 조금 벗어났다. 초창기에는 작은 나무 소품 위주로 작업하다가 점점 큰 규모의 오브제를 만들거나 공간 프로젝트를 맡는 등 작업 영역이 커지면서 찾아온 자연스러운 변화였다. 파이버글라스, 콘크리트 등 새로운 소재를 쓰기 시작한 것도 영향을 미쳤다. 나무는 그간 다양하게 겪어와 속성을 잘 안다고 자부할 수 있지만 다른 소재는 충분히 알지 못했고, 그럴 땐 해당 물성을 잘 아는 전문 제작자에게 맡기는 편이 의도를 더 잘 실현할 수 있을 터였다. 종종 좋은 변화는 기존의 믿음을 뒤엎으며 생겨난다. 외주 제작 과정이 못 미더워 손수 만들기 시작해놓고 결국 다른 손길의 필요성을 인정했달까. 중요한 것은 자기가 하느냐 남이 하느냐가 아니라 어떤 마음으로, 어떤 태도의 사람이 하는가였다. 이제 임정주 씨는 좋은 작업자와 함께할 때의 만족감도 잘 안다. 지금은 무엇을 만드는지에 따라 손수 만들거나 다른 손을 빌려 만들거나 필요하다면 오로지 기계의 힘을 빌릴 수도 있다고, 유연한 태도로 일한다.

연구합니다

두 부부가 만드는 물건은 늘 대화 중에, 길을 걷다 마주치는 무엇에, 아니면 일상의 아주 평범한 물건을 우리식으로 해석해보자는 결심에서 탄생한다. 하나의 물건에 꽂히게 되는 건 우연이지만 이내 집요한 연구로 이어진다. 첫 작업도 그렇게 시작했다. "순영이가 유독 그릇을 많이 깨요. 어느 날 왜 그런지 물어봤더니 손에 접시가 잘 안 잡힌다고 하더라고요." 그 경험은 사람 손마다 잘 맞는 형태의 접시가 따로 있을지 모르겠다는 생각으로 이어졌다. 50명의 사람 손을 사진으로 찍어 손의 각도에 맞는 50개의 접시를 디자인한 '라디우스 프롬 유어 핸즈Radius from your hands가 탄생한 계기다.

물건연구소는 그 이름에 걸맞게 어떤 물건이든 한번 품목을 정하면 진지하게 연구하는 과정을 거친다. 2018년 라이프스타일 편집숍 〈챕터원 에디트〉의 갤러리 도큐먼트를 통해 선보인 '커브Curve' 시리즈는 앞서 언급한 '라디우스 프롬 유어 핸즈'에 이은 곡선 탐구 연작이었다. 360°로 회전하며 그리는 실의 곡선을 연사로 찍은 후 데이터베이스 삼았고 그 선의 형태대로 화병을 깎았다. 회전운동이 물건의 선으로 치환된 것이다. "제품 디자인을 공부했기에 물건을 보면 습관적으로 그걸 다각도로 연구하게 돼요. 예를 들어 컵이라면 부리가 얼마나 얇아야 입에 닿는 느낌이 편안한지, 음료가 적당한 양이 흘러나오는지 등 꼬리에 꼬리를 문 생각을 해요. 쓰임에 관한 생각이지만 곧 형태를 결정짓는 요소이기도 합니다."

임정주 씨가 디자이너의 본색으로 물건을 연구한다면, 아내 김순영 씨는 좀 더 감정적이고 감성적인 영역을 담당한다. 본래 연기자로 활동했던 그녀가 물건연구소에 본격적으로 합류한 것은 2~3년쯤 됐다. 처음에 목선반을 같이 배우긴 했어도 같이 브랜드를 꾸려갈 생각을 하진 못했는데, 정작 물건의 탄생과 그것이 사람에게 가 닿는 최전방에는 늘 그녀가 있었다. 초창기 물건연구소가 만든 그릇부터 시작해 작은 소품들은 주로 그녀의 요청으로 만들어진 것들이고, 이후 자신들의 쇼룸이나 다른 공간에서 전시 형식으로 새 작업을 발표할 때 공간을 꾸미고 케이터링을 하는 것도 그녀의 몫이다. 연기 동선을 점검하듯, 전시장도 관람객의 동선을 생각하며 무엇을 어떤 순간 보여줄지 장면을 디자인한다. 다만 이들은 역할을 꼭 지정해두진 않는다. 작업의 아이디어부터 제작, 그리고 결과물을 보여주기까지 하나에 꽂히면 함께 달려든다.

물건을 좋아합니다

물건연구소는 성북동에 자리하고 있다. 목선반 작업을 할 때는 워낙 톱밥이 이리저리 많이 날리므로 원래 하나였던 공간에 가벽을 세워 작업 공간과 휴식 공간으로 나눴다. 휴식 공간은 말 그대로 앉아 쉴 수 있는 곳이자 이들이 기획하는 콘텐츠를 선보이는 전시실, 그간 하나씩 모아온 물건이 쌓인 취향의 집결지이기도 하다. 부부는 물건을 만드는 사람 이전에 물건을 좋아하는 사람이다. 김순영 씨가 다양한 물건을 좋아하는 맥시멀리스트라면 임정주 씨는 각별한 기준으로 거르는 역할이다. 둘 다 함께 좋아하는 것도 있다. 바로 오래된 물건이다. "틈날 때면 동묘 벼룩시장에 가는 걸 좋아해요. 거기 가면 없는 게 없거든요. 특히 일요일 아침 일찍 가면 관광객이 적고 희귀한 물건을 만날 수 있어요." 김순영 씨가 이야기하며 가리킨 오래된 빈티지 진열장도 진열장을 채운 작은 소품들도 대부분 동묘나 언젠가 어디에서든 데려온 물건들이다. 자물쇠, 돌멩이, 촛대 등 작지만 묵직한 느낌이 들어 가벼이 느껴지지 않는 것, 지나치게 멋부리지 않았으나 어쩐지 눈길이 가는 물건들이다. 그들이 만든 물건이 그러한 것처럼.

물건을 좋아하고 아끼는 것부터 물건에 대해 이야기하는 것 그리고 물건을 만드는 일에 이르기까지 두 사람은 늘 함께한다. 하지만 부부가 함께 일하는 데서 오는 부작용 같은 것도 있다. 24시간 일하는 기분이 든다는 것. "너무 바쁘면 집에 와서도 밥 먹다가 회의가 이어져요. 쉬려고 여행을 떠났다가도 정주 씨와 함께하는 여행은 여행이 아니라 출장이 되기 십상이거든요. 갤러리와 편집숍 등 어딜 가든 그 나라의 물건을 볼 수 있는 곳을 지나치지 못해요." 순영 씨의 말처럼 부부가 여행하며 가장 많이 나누는 이야기도 물건의 표현 방식, 의도, 작가의 히스토리 같은 것들이다. 불만처럼 이야기하지만 사실 그러다 보면 어느새 순영 씨도 귀를 기울이고 그 이야기에 맞장구를 치게 되므로, 두 사람은 여러모로 잘 맞는 파트너인 셈이다.

종종 이들이 만드는 물건에는 의외의 것들이 있다. 이를테면 효자손과 옷걸이, 구둣주걱 같은 것들이다. 너무나 유용하지만 쉽게 떠올리지 않는 일상용품들이다. 이렇게 조금은 뜻밖의 물건을 만들어내는 것도 사소한 물건들에 대한 지극한 관심 때문일 것이다. "간혹 그런 생각을 해요. 아무도 디자인하려고 생각하지 않는 물건이야말로 누구나 예쁘게, 다르게 디자인할 수 있는 영역이고 그런 것들을 만들어봐야겠다고요." 그렇기에 두 사람은 마음이 바쁘다. 이쑤시개부터 크게는 집에 이르기까지 세상에는 그들의 손길을 기다리는 무수한 물건이 있으니까. 올해 초 '잘 쉬자'는 개인적인 목표를 세웠었다는 이들의 꿈은 아마 이루어지지 않았으리라. 세상엔 물건이 너무나 많고, 물건연구소의 연구는 계속된다.

Info

물건연구소 OBJECT LABS
Instagram @object_labs
Homepage www.object-labs.com
Address 서울시 성북구 성북로23길 25-2

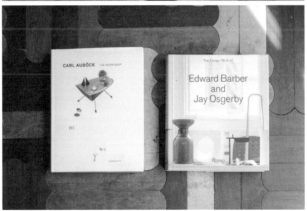

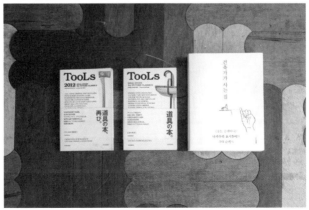

Items

| 1 | 2 |
| 3 | 4 |

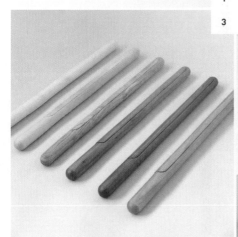

1 소소 프로젝트Soso project

"작을 소小, 적을 소少를 써서 작은 생각들을 적은 수량으로 만들어낸 소소 프로젝트의 결과물이에요. 주로 우리에게 필요한 물건에 관한 이야기에서 출발한 것들이죠. 세 번째 소소 프로젝트로는 동그라미, 세모, 네모를 모티프로 쿠킹툴을 만들었습니다."

2 커브Curve

"목선반 기술을 활용해 깎은 화병 '커브' 시리즈 중 하나입니다. 라이프스타일 편집숍 〈챕터원 에디트〉에서 전시를 통해 발표했어요. 회전하는 실을 사진으로 포착해 그 선을 화병의 외형으로 옮겨봤어요. 다양한 수종을 쓰고, 삭거나 갈라진 나무를 그대로 드러내었습니다."

3 어나더 핸드Another hand

"〈온양민속박물관〉의 문화상품 개발 공모전 온양어워드 제1회 '공예열전'에서 대상을 수상한 어나더 핸드 시리즈예요. 효자손이 손을 대신한 도구, 손이 할 수 없는 일을 하는 도구라는 점이 흥미로웠어요. 간결하게 디자인해보았습니다."

4 논엘로퀀트Noneloquent

"2019년 개인전을 통해 발표한 '논엘로퀀트' 시리즈에서는 파이버글라스, 폴리우레탄 고무처럼 오래전부터 사용해보고 싶었지만 기회가 없었던 소재를 써보았죠. 나무를 검게 칠한 것도 있고요. 물건의 기능을 사용자가 선택할 수 있었으면 좋겠다는 생각에 '기능적이지 않은'이란 이름이 붙었습니다. 형태만으로는 스툴인지 협탁인지 모르겠지만 사용자가 기능을 찾아내 사용할 수 있습니다."

나무도 연구합니다

물건연구소는 주로 색채가 은은한 나무를 선호한다. 외국산 건조목과 혼용
하지만 국산목 통나무를 구해 직접 건조해 쓰는 것을 즐기며, 소태나무, 참
죽나무, 느티나무, 물푸레나무, 회화나무 등을 특히 좋아한다. 통나무는 건
조되면서 갈라지기도 하는데 삭았거나 옹이가 있는 부분을 대부분 그대로
살려 쓴다. 나무에 대한 취향이 확고한 것 역시 데이터베이스를 축적했기
때문이다. 목선반을 배우던 시절, 박정화 공예가는 부부에게 다양한 나무를
경험하도록 가르쳐주었다. 그때 경험한 나무만 해도 20종이 넘는데, 국산
생목부터 외국산 건조목까지 아울렀다. 같은 나무를 쓰되, 나무의 건조 정도
인 함수율이 각기 다른 것을 써 보며 테스트할 때도 있었다. 수십 년간 말린
국산 건조목이 없는 우리나라에서는 목수라 해도 애써 노력하지 않으면 나
무를 폭넓게 경험하기 어렵다. 다행히 그때의 경험이 바탕이 돼 지금은 물
건에 맞는 나무를 골라 사용한다.

나무 속은 모르는 법

건조 재단된 제재목이 아닌 마르지 않은 통나무를 사와 작업하다 보면 때로
공포영화 같은 순간이 펼쳐진다. 한번은 아주 비싸게 산 먹감나무가 있었는
데 속이 썩어 있었다. 자르는 순간 썩은 나무 안에 보금자리를 튼 바퀴벌레
가 족히 수백 마리는 쏟아져 나왔다. 보통 과일이 열리는 나무는 단내가 나
서 벌레들도 좋아한다. 통나무를 손질하다 보면 무시로 벌레들에게 습격받
을 수 있다는 걸 명심해야 한다.

제3의 멤버

물건연구소에는 미처 소개하지 않은 멤버가 한 분 더 있다. 바로 오 대리,
오 과장, 오 부장이라고도 불리는 까만 푸들 오요다. '아야어요오요'라는 풀
네임을 갖고 있지만 보통 짧고 경쾌하게 오요라고 부른다. 새카만 털이 매
력 포인트이며 바로 그 까만 털 때문에 눈코입이 어디 붙었는지도 모른다는
단점이 있다. 오요는 늘 작업실에서 함께하는 편인데 아쉽게도 촬영날에는
드물게 동행하지 않은 탓에 카메라에 담을 수 없었다. 보통 때는 물건연구
소를 방문하면 오 대리님을 만날 수 있다.

"사람을 행복하게 하는 의자 하나"

SNS의 해시태그는 일종의 검색 키워드지만
미국 할리우드에서 발발한 미투 운동이
해시태그를 쓰면서 전 세계적 사회운동으로 번졌듯,
때로는 우리의 입장과 태도를 표명하고
동참하게 이끄는 수단이 되기도 한다.
요즘 그린우드워커들의 SNS에 자주 등장하는
해시태그는 뉴우드컬처new wood culture,
즉 '새로운 나무 문화'다. 이는 목공을 기술적으로
배우는 것을 넘어 재화를 일방적으로
소비하기보다 스스로 만들어 쓰려는 자세,
그 과정에서 만족감을 느끼는 것,
자연 친화적이며 느린 생활 방식을 말한다.
그린우드워커이자 체어메이커 이경찬 씨가
추구하는 삶이기도 하다.
그는 더 이상 자신을 소진하지 않고 오래,
가치 있는 것을 추구하며 살아가고자 한다.

레드체어메이커

RED CHAIRMAKER

이경찬 우드워커

체어메이커입니다

　　이경찬 씨는 체어메이커chair-maker다. 우리에게는 조금 생소한 용어지만 생나무를 이용한 목공은 영국이나 미국 등 서양에서 오래전부터 이어져 왔으며, 그 분야에 전문화된 장인이 존재했다. 그가 목공을 하기로, 그중에서도 체어메이커가 되기로 결심한 데는 영국에서의 생활이 영향을 미쳤다. 원래 이경찬 씨는 디자인 업계와 IT업계에서 UI 디자이너로 일했는데 일러스트레이터인 아내의 유학길에 동행해 약 2년간 스코틀랜드에 머물며 어학연수를 할 기회가 있었다. 그때 현지의 가구 제작 전문학교 시스템을 보고 목공을 꿈꿨고, 귀국 후 목공을 배워볼 결심으로 찾아보다가 생나무 목공인 그린우드워킹green woodworking과 그 방식을 이용한 윈저 체어메이킹을 접했다. 그것은 말 그대로 '발견'이었다. 국내에서는 그런 일을 하는 사람이 전혀 없었지만 알아보면 알아볼수록 그린우드워킹 그리고 윈저 체어메이킹이라는 서양의 전통 공예에 빠져들었다.

　　"처음에는 그간 접해본 적 없던 생나무 목공이 그저 신기했습니다. 스스로 자료를 찾아가며 이것이 이들의 오래된 공예 문화라는 것, 말리지 않은 생나무를 쓰기 때문에 그 지역의 나무를 사용하며 자연을 많이 훼손하지 않는다는 점도 알게 됐죠." 가구를 만드는 캐비닛메이킹cabinetmaking 등 목공에서 대부분 건조된 나무를 사용하는 것과는 다르게 그린우드워킹은 생나무를 사용해 수공구 중심으로 작업한다. 목공에 흥미가 생겼다 하더라도 어디에 쓰는지 모를 수많은 수공구와 위협적인 전동 기계들은 뭔가 해보려는 초보자에게는 높은 장벽일 수밖에 없다. 이경찬 씨에게 그린우드워킹, 그리고 윈저 체어메이킹은 그 장벽을 허무는 계기가 되어줬다. 또한 지금 한창 활동하는 체어메이커들이 최소한의 수공구로 삶에 필요한 물건을 스스로 만들어 쓰자는 가치를 담아, 데모크라틱 공예democratic craft로써 윈저 체어메이킹을 지향한다는 점도 마음에 들었다.

　　"헨리 데이비드 소로는 저서 『월든』에서 검소하고 환경적인 삶을 살기 위해 꼭 필요한 것으로, 필요한 물건을 스스로 만들어 쓰는 능력을 꼽았습니다. 예술적 장인이 되자는 게 아니라 주변에서 쉽게 구할 수 있는 재료로 필요한 물건을 스스로 만들어 쓰자는 것이지요. 오늘날 우리 모두에게 그런 삶이 필요하지 않을까요."

윈저체어를 만듭니다

그러한 깨달음을 얻은 후 이경찬 씨는 3년이 넘는 시간 동안 꾸준히 커티스 뷰캐넌Curtis Buchanan과 같은 전설적인 체어메이커의 영상과 책을 통해 윈저체어 메이킹에 대해 공부했으나, 국내에서는 배울 만한 곳이 마땅찮아 고민했다. 결국 그는 미국으로 떠나 약 한 달간 체어메이킹 과정을 수료하고 돌아와 2016년 윈저체어 공방 레드체어메이커를 운영하기 시작했다.

구조적으로 정의하자면 윈저체어는 '나무 좌판에 의자의 등받이와 다리 등의 각 부분이 삽입된 의자'를 말한다. 영국을 비롯한 유럽 등 오래전부터 의자를 사용하던 지역에서는 민속 공예로 의자를 만들어 왔고, 체어메이킹 기술과 전문 지식이 발전해왔다. 이를 바탕으로 한 윈저체어는 18세기 초반 영국에서 탄생했다. 영국 윈저 지방의 목수들이 만든 의자를 수레에 싣고 다니며 팔았다고 해서 그러한 이름이 붙었으며 윈저체어는 원래 소박한 의자였으나, 귀족들 사이에서 정원에서 사용하는 야외용 의자로 활발히 쓰이면서 실내용 의자로도 인기를 얻었다. 또한 미국으로 건너간 뒤에는 다양한 디자인으로 진화하며 부유층의 사랑을 받아 더 고급스러운 의자, 갖고 싶은 의자로 자리매김했다. 클래식 윈저체어는 상징적인 디자인이 있긴 하지만, 오늘날 윈저체어는 다양한 방식으로 자유롭게 만들어진다. 덴마크 디자이너 한스 웨그너Hans Wegner의 피코크체어Peacock Chair도, 일본계 미국인 조지 나카시마George Nakashima의 코노이드Conoid도 윈저체어의 일종이다.

윈저체어의 종주국인 영국, 그리고 윈저체어 문화가 꽃피운 미국에는 각기 다른 윈저체어 스타일이 발달했는데 굳이 따져보자면 이경찬 씨는 미국 스타일을 따른다. "영국 윈저체어가 오일 하나만으로 마감하거나 스테인을 이용한다면 미국 윈저체어는 밀크페인트를 칠해 마감합니다." 영국 윈저체어가 고전적이고 묵직한 느낌이라면 미국 윈저체어는 장식적인 요소들을 배제하여 단순하며 곡선을 강조하고 가볍게 만들어진다는 특징이 있다. 이경찬 씨는 화려하고 장식적인 것은 조금 덜어내고 아기자기하고 가정적인 느낌으로 표현한다. 투박하게 드러난 칼자국, 넉넉한 등받이 살과 따뜻한 색감에서 편안함이 배어난다.

그린우드워킹에 쓰이는 나무는 지역별로 다를 수밖에 없는데 이경찬 씨는 우리나라에서 나는 참나무와 밤나무를 사용한다. 생나무를 구하기가 어렵지 않을까도 싶지만 생각보다 쉽게 해결할 수 있다. 이경찬 씨는 경기도 화성의 벌목 업체를 통해 신선한 나무를 구하고 있다. 나무는 잘라내면 건조가 시작되기 때문에 건조 속도를 늦추기 위해 실링 sealing을 하고 심지어는 물에 담가 보관한다. 의자를 만드는 데 좋은 나무를 구하는 것은 음식을 할 때 좋은 식재료를 구하는 것과 같다. 가까운 지역에서, 되도록 신선한 통나무 중 결이 좋은 것을 선별해오는 일은 좋은 의자를 만들기 위해 중요한 과정이다.

이로운 의자를 꿈꿉니다

레드체어메이커 공방은 경기도 광주의 어느 주택가 상가건물에 자리한 단칸 작업실이다. 오후 볕이 길게 드리우는 이곳은 집에서 약 1분 거리다. 점심 먹으러 집에 다녀오기도 하고, 유치원에 다니는 아이를 픽업하러 갔다 오기도 한다. 작업장 안은 단정하게 정리돼 있다. 목공방치고는 아주 작은데, 생나무를 이용한 수공구 중심의 작업만 하기에 가능한 규모다.

이밖에도 생나무의 이점은 많다. 건조목에 비해 먼지가 거의 나지 않아 작업장을 깨끗하게 유지하기에 좋으며, 흡사 비누를 깎는 것처럼 쉽게 깎여 나가 초보자가 접하기에도 무리가 없다. 큰 기계를 사용할 필요가 없으니 소음 문제에서도 자유롭다. 그리고 무엇보다 나무의 물성이 느껴진다. "생나무로 의자를 만드는 일은 단순히 나무를 재료로 쓰는 게 아니라 나무의 생애를 연장시키고 의미 있는 물건으로 변화시키는 작업인 것 같아요."

그는 창작자로서 자기 일에 대한 자부심도 있다. "하나의 대상이 정해지면 그걸 자세히 들여다보게 돼요. 잼 나이프 하나를 만들어도 왼손잡이용, 오른손잡이용, 깊은 잼 병에 쓸 것, 어린아이용 등 용도별로 수많은 종류를 만들어낼 수 있어요. 어떤 기물이든 그것을 쓰는 사람, 환경, 용도, 수종 차이, 원하는 형태, 사용할 공간에 따라 내가 생각한 것을 구현해낸다는 것, 그것이 곧 이 일의 가장 큰 매력이에요."

이경찬 씨는 디자인 계통에서 일할 때도 궁극적으로 사람들을 행복하게 하는 것, 필요를 충족시키고 문제를 해결해주는 것을 만들고 싶었다. 하지만 디자인을 배울 때의 이상이 직업의 최전선에서는 통하지 않았다. 종종 클라이언트의 니즈를 충족시키는 것이 곧 목표가 돼버리는 황당한 경우도 있었다. 그는 아이가 태어난 후에는 좀 더 오래 함께 하고 싶었으며, 소모되기보다 지속적이고 꾸준하게 가치를 높일 수 있길 바랐다. 궁극적으로 타인을 위하고 나를 위한 이로운 무언가를 만들고 싶었다. 돌이켜 보건대 체어메이킹이야말로 자신의 이상에 가까운 일인 것 같다고 그는 생각한다.

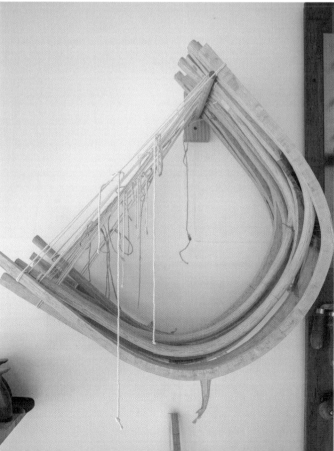

가구가 물건을 보관하거나 정리할 용도로 쓰인다면 의자는 사람의 온몸을 받아내는 용도다. 침대도 마찬가지지만 어느 정도 형태적인 범주가 정해져 있다. 반면 의자는 디자인에서 자유롭다. 또한 어른인지 아이인지, 무슨 일을 하는지, 어떤 목적으로 사용할지에 따라 필요한 의자가 다르므로 사람과 가장 밀접하게 관계하는 가구다. 이경찬 씨는 일러스트레이터인 아내를 위해 의자를 만들고, 아들을 위해 의자를 만든다. 오래 앉아 일하는 아내가 편안하게 일할 수 있도록, 장난꾸러기 아들이 다치지 않고 안전하게 놀 수 있도록. 누군가에게 꼭 맞는 단 하나의 의자를 만드는 기쁨이야말로 이 일의 가장 큰 행복일 것이다.

디자인 칼럼니스트 김신은 저서 『교양 의자』에서 '의자는 사람과 함께 있을 때 비로소 행복한 물건'이라고 했다. 이경찬 씨는 사람이 행복해지는 의자를 만든다. 또한 의자와 함께해 행복한 사람이다.

Info

레드체어메이커 RED CHAIRMAKER
Instagram @red.chairmaker
Address 경기도 광주시 오포읍 능평로30번길 10

오리지널 윈저 가구 공방

Red C
7071

1 2

3 4

1 팬 백 사이드 체어Fan back side chair

"미국에서 윈저체어를 배울 때 만든 의자 중 하나입니다. 미국의 윈저체어는 분말 밀크페인트로 마감하는 전통이 있는데요., 그중에서도 매리골드 옐로Marigold yellow 색상으로 밝게 칠한 유쾌하고 편안한 의자입니다. 몇 시간이고 앉아 있어도 피곤하지 않아요."

2 윈저 스타일의 셰이커 벤치Shaker bench

"본래 단순하고 직선적인 형태인 셰이커 의자에 윈저체어의 구조와 디자인을 적용해 더 편안하고 내구성 있게 제작했습니다. 미국의 체어메이커 조지 소이어George Saweyr의 스케치를 바탕으로 했으며 벤치 형태의 윈저체어를 배우고 싶어 하는 수강생의 요청으로 만들어보았습니다."

3 다양한 스툴들

"소나 염소의 젖을 짤 때 쓰던 것에서 유래한 밀킹 스툴Milking stool, 디셰이프 스툴, 포스트앤렁Post and rung 스툴, 작은 벤치 등을 모아봤습니다. 생목으로 의자를 만드는 체어메이킹은 나무로 일상 속 물건을 만드는 생활 공예로 발전하여 유용하고 기능적이면서도 아름다운 의자들을 탄생시켰어요. 그중에서도 스툴은 빼놓을 수 없는 멋진 의자들입니다.

4 흔들의자

"초기 윈저체어에 많이 쓰인 모양인 디셰이프D-shape 좌판을 가진 콤 백 Comb Back 흔들의자입니다. 초기 미국 윈저체어 제작의 중심지였던 필라델피아를 대표하는 형태이며, 영국 윈저체어 스타일이 많이 남아 있어 고전적이면서도 편안한 느낌을 주는 의자입니다."

크래프트 토크를 여는 그날까지

이경찬 씨는 언젠가 크래프트 토크Craft talks를 열고 싶다는 꿈이 있다. 테드 토크TED talks처럼 목공 1년 차부터 수십 년 차까지, 캐비닛메이커부터 그린우드워커까지, 목공은 물론이고 그 외 다양한 공예 분야에 종사하는 사람들을 위한 교류의 장을 여는 것이다. 현시대에서 공예를 하는 것에 관한 어려움과 즐거움, 실용적인 정보를 함께 나눈다면 분명 각자의 일을 해나가는 데 큰 힘이 될 것이다. 원대한 꿈을 위한 작은 발걸음으로, 현재 매년 2~3차례 정도의 그린우드워킹 워크숍을 열고 있다. 특히 2019년 가을에는 원목가구 브랜드 굿핸드굿마인드GHGM, 스웨덴의 전통 목공예 방식인 슬뢰이드slojd 방식으로 작업하는 후가Hugga와 함께 그린우드워킹을 알리고 시연하는 워크숍을 열었으며 앞으로도 다양한 방식으로 비정기 행사를 열 예정이다.

나의 온라인 선배들

이경찬 씨는 윈저체어를 배우기 위해 미국에 가기 전부터 체어메이커들이 공개한 자료나 유튜브의 제작 영상을 통해 윈저체어에 대해 꾸준히 공부했다. 이경찬 씨가 좋아하는 체어메이커들을 일부 소개한다.

커티스 뷰캐넌Curtis Buchanan

현재 미국의 대표적인 윈저체어 메이커로 클래스를 통해 오랫동안 많은 체어메이커를 길러냈다. 2018년 그린우드페스타Greenwood Fest에서 데모크라틱 체어Democratic Chair라는 이름으로 최소한의 수공구로 만든 의자를 선보였다. 유튜브를 통해 체어메이킹 제작 영상을 공개하고 있다.

www.youtube.com/user/curtisbuchanan52

제프 레프코위츠Jeff Lefkowitz

주로 래더 백 체어Ladder Back Chair를 만드는 미국의 체어메이커. 래더 백 체어는 좌판을 판재로 만들지 않고 위빙weaving으로 만들어 가볍고 비교적 만들기 간편하다. 전통적인 래더 백 체어부터 컨템포러리 체어까지 다양한 스타일을 만들고 클래스를 연다. 블로그를 통해 자신의 노하우를 꼼꼼히 기록하고 있다.

www.jefflefkowitzchairmaker.com

조지 소이어George Sawyer

아버지 데이비드 소이어David Sawyer의 대를 이어 윈저체어를 만든다. 디자인을 전공하고 디자인과 관련된 다양한 일을 하다가 아버지의 일을 잇게 됐다. 이경찬 씨는 편안한 곡선에서 우아한 매력이 느껴지는 이 부자의 윈저체어 스타일을 좋아한다.

www.sawyermade.com

made by
WOODWORKER

"반려동물과 사람이 함께 만족하는 가구"

목공에 대한 많은 편견 중 하나가
여성이 하기에 거친 직업이라는 생각이다.
무거운 목재를 나르고 위험한 전동 기계를
다뤄야 하는 만큼 남성이 더 적합하지 않을까 하는
추측은 편견에 기댄 게으른 생각이다.
신민정 씨는 목공이 손을 이용한 다른 분야보다
공간이나 여건에 대한 제약 때문에 진입 장벽이
높을 수는 있다면서도 그것이 남녀를 갈라
생각할 이유는 되지 않는다고 말한다.
물리적으로 아무리 힘든 일이라 한들
사실 그것을 하게 하는 것은 마음이다.
힘보다 마음을 쏟을 자신이 있다면
누구든 시작할 수 있다.

핸드크라프트

HANDCRAFT

신민정 우드워커

목공이라는 도착점

아버지 세대에는 한번 시작하면 죽 쌓아가는 진득함이 직업적 덕목이었다. 그래서 평생직장이란 말도 있었고, 회사가 곧 그 사람의 브랜드가 되기도 했다. 물론 이제 그건 옛말이 됐다. '사'자 들어가는 직업에 대한 선망보다 유튜브 크리에이터 같은 자유로운 창작자들에 대한 로망이 커지는 요즘, 달라진 직업적 덕목을 꼽으라면 그것은 새로운 것을 망설이지 않고 도전할 수 있는 용기가 아닐까. 하지만 눈에 띄게 뛰어난 재주가 없는 사람으로서, 좋아하지만 불확실한 미래의 그것을 향해 시원스레 나아가는 사람이 있다면 격려와 부러움의 박수를 보내게 된다. 영화 마케터, 패션 디자이너를 거쳐 목수로 살아가는 신민정 씨도 그래서 더 궁금했는지도 모른다. "연극영화과를 나와 영화 마케팅으로 사회생활을 시작했어요. 그러다 일에 지쳐 영화 공부를 더 해볼 생각으로 프랑스로 유학을 떠났다가 정작 그곳에서 전혀 다른 선택을 했습니다. 평소 좋아하던 또 다른 분야인 패션 쪽으로 방향을 틀었어요." 그렇게 프랑스에서 패션 디자인을 공부하고 돌아온 그녀는 패션 회사에 입사해 디자이너로 근무했다.

목공을 만난 것은 유학 생활 때부터 함께한 반려묘 봉봉이 때문이었다. 유학생의 좁은 원룸을 벗어나 '한국으로 돌아간다면 캣타워 하나쯤은 꼭 사주마' 하고 봉봉이와 약속했는데, 막상 한국으로 돌아와 제품을 찾아보니 마음에 드는 것이 없었다. 최근 몇 년간 반려동물 시장이 급성장하면서 브랜드가 많아지고 디자인도 다양해졌지만, 2014년 당시만 해도 선택의 폭이 넓지 않았다. 북유럽 빈티지 가구를 좋아하는 신민정 씨는 고양이 가구 역시 단단한 느낌, 짙은 색감을 원했지만 시중에 나와 있는 반려동물 가구의 디자인과 소재는 그만그만했다. 가공하기 쉽고 단가가 낮은 소프트우드나 밝은 수종이 주재료였고 마감 상태도 아쉬웠다. 평소 물건을 살 때 꽤 까다로운 편에다 취향까지 확고했던 그녀는 무엇을 고르든 적정선에서 타협하는 법이 없었다. '맘에 드는 물건이 없다면 만들어 쓰자'고 결심한 것은 자연스러운 일이었다.

그렇게 만든 첫 작품에 대한 지인들이 반응은 긍정적이었다. '나도 만들어달라'는 요청이 계속 들어올 정도였다. "그 당시에는 반려동물 가구를 만드는 공방이 아예 없었어요. 양산품과는 질이 다른 감각적인 반려동물 가구를 원하는 사람들을 공략한다면 틈새시장이 되겠더라고요." 회사는 가슴에 사직서 하나씩 품은 채 다니는 거라고들 흔히 말한다. 하지만 그런 말이 경구처럼 떠도는 건 가슴에 품었다는 그것을 선뜻 꺼내 놓을 수 없다는 점에 모두가 공감하기 때문이리라. 하지만 그녀는 망설이지 않았다. 큰일일수록 큰 의미를 두지 않고 가볍게 시작해보는 게 맞겠다고 생각했다. 그녀 말마따나 "실패도 일단 해봐야 아는 법"이다. 그녀는 그렇게 목수가 됐다. 손으로 만드는 일과 반려동물 가구 브랜드 핸드크래프트의 시작이었다.

사람 가구를 닮은 고양이 가구

　　고급 원목, 편의성을 고려한 세심한 디자인, 한눈에 보기에도 열심히 '갈고 닦은 티'가 느껴지는 수제 가구. 고풍스러운 느낌의 티크나 월넛 같은 고급 수종으로 만든 그녀의 가구는 밝은 수종 일색인 반려동물 가구 시장에서 더욱 특별해 보인다. 핸드크라프트의 반려동물 가구를 처음 접하면 특유의 정교함에 감탄하게 되며 볼수록 사람이 쓰는 가구와 닮아 보여 눈길을 멈출 수 없다. 특히 침대는 사람이 쓰는 것을 크기만 줄인 듯한 모습인데, 그렇다고 반려동물의 사용성을 간과한 것은 아니다. 그녀는 앞서 언급한 봉봉이, 둘째로 들인 연아까지 반려묘 두 마리와 (그리고 남편과) 함께 산다. 무엇을 만들든 일단 이들의 테스트를 거치지 않으면 상품이 될 수 없다. 샘플을 제작해 이들 고양이가 사용하는 모습을 관찰하며 세심하게 높낮이를 조정하고, 디자인이 지나치지 않은지 살펴 가며 조금 더 기호성을 높일 수 있도록 연구한다.

　　그런데 왜 굳이 사람이 쓰는 가구와 닮아 보이게 만든 걸까? 바로 인테리어 때문이다. 흔히 '아이가 있는 집에서는 인테리어를 포기한다'고 말하는데, 여기서 아이를 반려동물로 바꿔 넣어도 얼추 맞는 말이 된다. 애써 아름답게 꾸민 공간이 천편일률적이고 무신경한 디자인으로 망쳐지는 경우가 왕왕 있다. 신민정 씨는 반려동물 가구도 아름다울 수 있고, 반려동물이 사용하는 것이지만 사람의 취향과 편의성도 고려해야 한다고 생각한다. "아이 가구, 반려동물 가구라 해서 꼭 디자인이 귀여워야 하거나 색감이 화려해야 하는 것은 아닙니다. 그 공간에 있던 기존 가구와의 어우러짐도 중요해요."

　　온갖 재료부터 디자인까지 샅샅이 뒤져보고 맘에 드는 물건을 사는 깐깐한 습관은 물건을 만들 때도 똑같이 적용됐다. 일례로 캣타워의 슬라이드를 접을 수 있게 디자인해 이사나 가구 재배치 때 이동하기 편하게 만든다거나, 자주 갈아줘야 하는 스크래처의 삼줄을 흔하게 감는 가로 방식이 아닌 세로 방향으로 감아 반려동물의 기호성을 해치지 않는 선에서 사람도 더 편하게 관리할 수 있도록 하는 등 다각도로 시뮬레이션해보고 세심하게 만든다. 머릿속으로 세심히 연구하고 생활 속에서 꼼꼼히 관찰한 신민정 씨의 가구는 반려동물은 물론이고 사람도 함께 위하는 가구다.

　　약 3년 동안 브랜드를 운영해오면서 예상치 못한 어려움도 있었다. 자신이 만족할 만한 수준으로 만들다 보니 가격이 너무 높아졌고 대중적인 판매가 어렵다는 점이다. 옷을 만들 때도 옷감의 질, 지퍼 같은 작은 부자재의 품질이 결과물의 완성도를 좌우하듯 신민정 씨는 가구 역시 좋은 자재가 좋은 품질을 만드는 바탕이라고 여긴다. 그래서 목재는 물론이고 오일부터 사포 같은 부자재도 시중에 나와 있는 것 중에 가장 좋은 것을 골라 쓴다. 워낙 꼼꼼한 성격이라 가격을 산정할 때 하나를 완성하는 데 사포가 몇 장이 드는지, 오일을 몇 번 마감 하는지 등 나름의 책정 근거를 마련해 금액을 산출한다. 결과적으로 지나치게 큰 값이 나올 때는 고민스럽다. 만드는 사람이 쏟은 노력과 쓰는 재료는 사람 가구나 반려동물 가구가 다르지 않은데, 값을 매길 때는 달라져야 하기 때문이다. 아무리 공방에서 만든 원목 가구라 하더라도 사람들이 반려동물 가구에 기대하거나 허락하는 가격은 그리 높지 않다. 때때로 값을 낮추기 위한 자구책으로 디자인비나 인건비는 제외하곤 한다. 상황이 이렇다 보니 요즘에는 반려동물 가구보다 같은 노력으로도 제값과 가치를 인정받을 수 있는 사람 가구를 만드는 일이 더 잦은 편이다. 가격 저항선 때문에 반려동물 가구의 의뢰가 많지 않은 것도 한 요인이다. 시간이 좀 지나면 하나의 좋은 가구를 들이는 그 마음이 반려동물이나 사람 것으로 구분되지 않길 바라는 작은 소망을 가져본다.

어느 독재자의 공동 작업실 생활

신민정 씨는 머릿속 그림을 오로지 자신의 힘으로 구현하는 것을 좋아한다. 패션 디자이너로 일할 때 답답했던 것도 그 점이었다. 학교에서는 디자인부터 원단 선택, 재단, 재봉 등의 옷이 되기까지 전 과정을 스스로 소화했지만 현업에서는 조직의 디자이너 역할에 충실해야 했고 제작이나 전체 과정에 참여할 수 없어 아쉬웠다. 브랜드와 공방을 이끌어나가는 대표이자 디자이너, 목수인 지금은 온전히 자신의 창작물을, 스스로 만족하는 수준으로 만들 수 있기에 만족스럽다. 어떤 나무를 사용할지, 같은 나무를 사용한다고 하더라도 해당 목재의 어느 부분을 연결할지 세세한 요소까지 모두 스스로 결정하고 마음에 꼭 드는 결과물로 완성해나간다.

그래서 클래스 운영도 아직은 엄두를 내지 않는다. "클래스에는 다양한 분들이 제각각의 목적으로 목공을 배우러 와요. 어떤 분은 완성도가 좀 떨어지더라도 빨리 결과물을 얻어 가려고 하고 어떤 분은 그 반대죠. 그런 점들을 제 기준에 맞춰 요구하기가 쉽지 않더라고요." 그녀는 슬쩍 자신이 '독재자 스타일'이라고 덧붙이는데 철저히 자신이 잘 할 수 있는 것 중심으로, 자기가 만족할 때까지, 분업보다 전체를 아울러 책임지는 것을 좋아하기 때문이다.

온전히 혼자만의 작업을 선호한다면 작업 공간도 독립되어야 하지 않을까? 한데 조금 의아하게도 그녀는 이른바 '열쇠공방'이라고도 불리는 공동작업 공간을 사용하고 있다. 가구 브랜드 크래프트브로컴퍼니와 큐리어스랩을 운영하는 신현호 씨가 운영 중인 공간으로, 애초에 이곳에서 목공을 배웠고 서너 명의 멤버가 작업실을 공유해 사용한다. 목공용 전동 기계들은 고가의 제품이 많은 만큼 처음부터 독립 공방을 차리기에 부담스러운 것이 사실이다. 이럴 때 공동 작업실을 이용한다면 초기 비용뿐만 아니라 월세 부담도 덜 수 있어 효과적이다.

공동 공간이기에 지켜야 할 규칙이 있긴 하지만, 동료들과 함께하는 순간은 즐겁다. 큰 가구의 두꺼운 상판을 뒤집거나 고정할 때 보탤 손이 있다는 것, 일에 대해 비슷하게 겪는 고충을 털어놓을 수 있다는 것, 때로 아이디어가 막힐 때 대화 속에서 실마리를 찾을 수 있다는 점도 좋다. 일전에는 동료가 갖고 있던 롱보드에 관한 책이 발단이 되어 '우리 이거 한 번 만들어보자' 하며 재미 삼아 롱보드를 만든 적도 있다. 전혀 도전해본 적이 없는 품목을 놀이처럼 해보면서 이런 작당이야말로 이 일이 더 즐거워지는 순간이라고 생각했다.

물건을 좋아하는 신민정 씨는 사물로부터 영감을 얻기도 한다. 빈티지 가구를 수집하면서부터는 갖고 싶다고 해서 당장 얻을 수 없는 기다림의 마음가짐을 배웠다. 하나의 가구를 대대로 물려 쓰는 사람들을 보며 오랫동안 사랑받는 디자인 가구와 그 비법에 대해 생각해보기도 했다. 가구장으로서 어떤 가구를 만들어 나갈 것인지도 그려보았다. 자신이 만든 가구도 누군가의 곁에 오래 머물면서 수많은 이야기를 품어 가길, 또한 그만한 가치가 있는 가구를 만드는 사람으로 오래 남으리라 그녀는 다짐한다.

info

핸드크라프트 HANDCRAFT
Instargam @studio_handcraft
Homepage www.hand-craft.co.kr

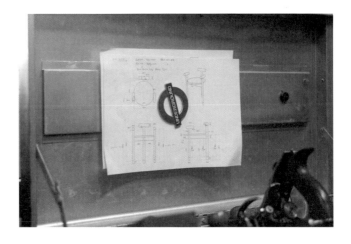

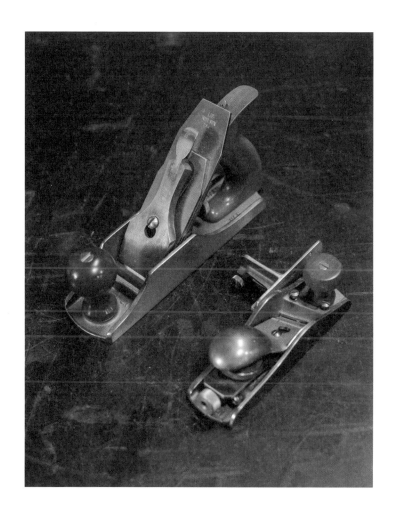

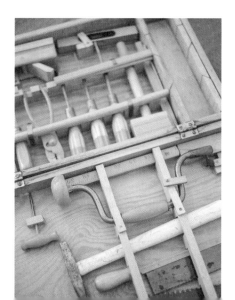

1 2
3 4

1 고양이 침대

"반려동물 가구라 해서 꼭 귀엽고 아기자기할 필요는 없어요. 쓰는 데 불편함만 없다면, 사용감을 해치지 않는 선에서 사람 가구와 비슷해도 좋겠더라고요. 실제로 집에 두었을 때 우리 집 분위기와 따로 놀지 않아서 좋아요."

2 고양이 스크래처

"늘 본능적으로 손톱을 날카롭게 다듬는 고양이에게 스크래처는 필수품이자 소모품입니다. 스크래처의 틀은 화이트 오크로 제작했고 삼줄을 감고, 골판지를 끼울 수 있게 만들었어요. 원목 스크래처 틀은 내내 사용하고 삼줄과 골판지만 교체해가며, 우리 고양이가 평생 쓸 수 있는 아이템입니다."

3 실린더 체어

"2019년 성수동 신촌살롱에서 열린 그룹전 〈여자목수〉를 위해 제작한 의자예요. '최소한의 의자'라는 주제를 바탕으로 했는데 한참 동안 아이디어가 떠오르지 않았어요. 그러다 집에 놓인 아르네 야콥센Arne Jacobsen의 실린더 라인Cylinda-Line 주전자를 보다가 무릎을 탁 쳤습니다. '이런 느낌이면 되겠다' 싶었죠. 미얀마산 티크를 사용했고 실린더(원통)를 기본 구조로 만들었습니다."

4 벤치

"음핑고와 흑단, 황동을 이용해 만든 벤치입니다. 높낮이가 다른 두 개의 벤치를 세트로 구성했어요. 제 가구에서는 주로 짙은 색감의 나무에 황동으로 끝부분을 마감해서 단단하고 야무진 느낌을 줍니다. 벤치이지만 다른 용도로 쓰기에도 좋습니다."

브랜드명은 쉽게

신민정 씨는 자신이 거쳐온 이력이 지금의 일에 모두 도움이 됐다고 생각한
다. 핸드크라프트는 영화 마케터로 일했던 경험을 바탕으로 지은 이름이다.
좋은 영화들이 그렇듯 가장 평범하고 보편적인 이름이야말로 사람들에게
각인되기 쉽다고 생각해 손의 가치를 강조한 핸드크라프트라는 단어를 브
랜드명으로 정했다. 이미 상표 등록이 돼 있을 수도 있겠다는 생각에 사업
자등록을 하기 전에 샅샅이 찾아봤지만 다행히도 없었다. 누구나 잘 기억해
준다는 점에서는 분명 효과가 있었다. 다만 종종 브랜드명이 아니라 손으로
만든 제품을 뜻하는 용어라 생각하는 사람도 있어 보편적인 이름의 단점 또
한 실감하는 중이다.

눈여겨봤던 그 고양이에게 선물을

요즘의 소상공인에게 가장 쉬운 홍보 툴은 자신의 온라인 채널을 이용하는
것일 테다. SNS에 게시물이나 피드를 열심히 올려 홍보하는 법도 있겠지만,
신민정 씨는 평소 '랜선 집사'를 자처하며 애정으로 살펴봐 온 고양이에게
자기가 만든 반려동물 가구를 선물했다. 하지만 이는 오로지 홍보만을 위한
행동은 아니었다. 오래 지켜봐 온 친구에게 꼭 필요한 물건을 진정 잘 써줬
으면 하는 마음을 담아 전한 것이었다. 그 진심이 통했는지 이후, 핸드크라
프트 가구의 가치를 알고 궁금해하는 반응들이 늘어났다.

페어는 사양합니다

반려동물 시장의 성장과 함께 다양한 반려동물 박람회가 정기적으로 개최되고 있다. 박람회는 브랜드가 소비자와 만날 수 있는 좋은 기회이지만, 소규모 브랜드에게는 오히려 독이 될 수도 있다. 신민정 씨는 박람회에 한번도 참가해본 적이 없다. 쉽게 구입해갈 수 있는 양산품에 비해 주문 예약만 가능한 고가의 수제 가구는 박람회에서 경쟁력이 없을 거라 판단했기 때문이다. 또한 자칫 경쟁 업체의 카피제품 생산으로 이어질 위험성도 있다. 그녀는 소규모 브랜드일수록 브랜드의 성향과 정체성에 맞는 방법을 택하는 것이 중요하다고 생각한다.

"정직한 셈이 통하는 일"

보통 '받은 만큼 돌려준다'는 좋은 관계보다는
불편한 관계에서 통할 법한 말이다.
그렇기에 처음 기브앤테이크 공방을 알게 됐을 때
'왜 그런 이름을 지었을까' 하는
궁금증이 생길 수밖에 없었다.
"믿음을 주시면 물질이 아닌 정성으로
돌려드리겠다는 뜻을 담았어요.
나를 찾아오는 사람들에게 보답할 수 있는 것은
정성과 진심밖에 없겠더라고요."
이토록 선한 기브앤테이크라니.
박정규 씨의 대답에 약간 맥이 빠진다.
하지만 받은 만큼 돌려주는 사이라면
실은 꽤 공평하고 바람직한 관계다.
세상에는 헌신적으로 주거나 뻔뻔하게 받는
일방적인 관계도 얼마나 많은가.
박정규 씨는 일에서도 주는 만큼 돌려받고 싶었다.
노력하는 만큼 더 좋은 결과물이
탄생해야 이치에 맞다 여겼다.
그래서 그는 정직한 셈이 통하는 직업,
목수가 됐다.

기브앤테이크

GIVE & TAKE WOODWORK

박정규 우드워커

우리는 나아져야 합니다

"종종 전문가반 상담을 하거나 수강생들과 술자리를
할 때 그런 이야기를 합니다. 목공을 하면서 삶에 대한 기준이 바뀌었다고요. 목공을 배
우던 시절 집에서 배우던 공방까지 1시간이 넘는 거리를 지하철로 오갔어요. 한강을 건
널 때 그 모습이 너무 아름다웠습니다. 그리고 이렇게 생각했죠. '강이 이렇게나 예쁜데,
마음이 이토록 편한데 왜 회사 생활을 할 때는 몰랐을까' 하고요." 박정규 씨는 영상 디자
이너로 일했을 때 말 그대로 바닥까지 가라앉아 있었다. "아무 욕심도 안 나고 아침에 기
계처럼 일어났어요. 야근이며 주말 근무가 비일비재했지만 몸이 괴로운 것보다 내가 노

력한다고 해서 나아지지 않을 것 같은 막막함이 참 싫었어요." 자신의 성과를 제대로 인정받지 못하면서도 상사의 실수는 고스란히 떠안아야 하는, 회사생활에 만연한 작은 부조리도 견디기 힘들었다. 좀 나을 거야, 나아질 거야라고 되뇌며 5년간 일곱 차례 회사를 바꿨지만 결국엔 나아지지 않겠다는 결론에 이르렀다.

그에 비해 회사를 그만두고 목공을 배운지 한 달 남짓, 그렇게 짧게 경험하고도 더 해보고 싶고 계속해야겠다는 확신이 든 게 놀라웠다. 손 사포질을 할 때였다. "이어폰을 끼고 좋아하는 음악을 들으며 사포질을 하는데 그게 참 묘했어요. 알다시피 사포는 숫자가 높을수록 입자가 더 곱게 갈립니다. 얼핏 보면 다 완성이 된 것 같은 물건도 조금 더 높은 방수, 그보다 더 높은 방수의 사포질을 거치면 매끈함이 달라집니다. 나의 노력이 결과물에 그대로 나타난다는 점이 좋았어요." 노력에 따라 더 나은 것을 만들 수 있다면, 그로 인해 멈춰 있던 시간을 접고 조금씩 앞으로 나갈 수 있다면, 그 일을 하지 않을 이유가 없었다.

좋아서 한 일에 대한 결과는 의외로 빠르게 찾아왔다. 목공을 배운 지 1년 반 정도 지났을 때 '예상외의 삼각스툴'을 내세워 참가한 '2012 서울디자인페스티벌'에서 신인 디자이너로 선정됐고, 이를 통해 첫 전시를 치렀다. 그리고 전시에서 선보인 116개의 나무 막대로 이뤄진 '우드스틱 소파'가 IDEA, IF 디자인 어워드와 함께 세계 3대 디자인 공모전으로 불리는 레드닷 디자인 어워드의 2013년 위너로 선정됐다. 제법 성공적이라 할 만한 데뷔전을 치른 셈이었다. 이후에도 다양한 국내외 공모전에 작품을 출품하고 수상하는 일이 이어졌다. 그에게 이러한 노력은 자신이 살아 있음을 확인하는 일이었을지도 모른다. 도전에서 얻은 성취감, 전시 경험을 통한 기쁨이 여지없이 그를 목수로 이끌었다.

생각을 나눕니다

많은 목공방들이 자기 작업 외에 주문 제작 가구를 만들고 수강생을 유치해 클래스를 열며 공방을 꾸려간다. 생계를 유지하기 위해서는 오직 한 곳에만 매달릴 수 없기 때문이다. 실제로 현장에서 만난 목수들은 유연하게 세 영역을 오갔다. 각 개인이 처한 상황과 시기에 맞춰 특정 영역에 더 큰 비중을 두고 작업했고, 때로는 비중이 달라지기도 했다.

박정규 씨는 주문 제작과 개인 작업에 집중하고 싶었지만 지금은 원활한 공방 유지를 위해 교육까지 확장해 운영한다. 또한 한때 미술학원 강사로 일하면서 다른 사람에게 무언가를 알려주는 일에서 매력을 느꼈던 것도 영향을 미쳤다. 그래서 나름의 포부와 책임감으로 교육에 임한다. 기브앤테이크 공방의 전문가반은 1년 과정으로 일주일에 두 번, 오후 2시부터 6시까지 4시간 수업이다. 또한 수업 시간 외에는 월요일에서 목요일까지 24시간 개방하며 그가 공방에 상주하는 동안에는 개인별 지도를 받을 수 있다. 때로 직장을 다니며 배우는 수강생의 작업 스케줄에 맞춰 새벽까지 함께 할 때도 있었다. 적절히 조절해야겠다는 다짐을 하면서도 그게 맘처럼 쉽지 않기에 아예 클래스를 열지 않고 자기 작업에 열중해야겠다는 결심도 한다. 그렇지만 주로 목공 경험이 있는 상태에서 실력을 키울 생각으로 진지하게 수강하는 사람이 많다 보니 봄과 가을에 한 번씩 모집하는 클래스는 모집 공고를 올리기도 전에 대기자가 꽉 차버린다.

그는 수강생들에게 "목수는 단순한 제작자가 아닌 디자이너가 돼야 한다"고 강조한다. 이때 디자이너란 직업적 정의가 아닌, 직무 태도를 말한다. "기술이 아무리 뛰어나도 스스로 생각하는 힘이 없다면 단순 작업자에 불과합니다." 모든 공방이 기본 목공 기술을 가르치지만 그것에서 그치면 정작 만들고 싶은 것을 상상하고 구현할 수 없다는 것이다. 그는 수강생들이 기술적 숙련도를 쌓는 데 집중하기보다 끊임없이 생각하는 습관부터 들였으면 한다.

수업은 보통 하고 싶은 것을 만드는 방식으로 운영하는데 그는 늘 질문자 역할이다. 디자인이 장식적이지 않은지, 좀 더 효율적으로 구현할 방법은 없는지, 그 효율이 누구를 위한 것인지 등 언제나 질문은 현재를 점검하는 가장 좋은 도구가 된다. 이는 박정규 씨 본인의 작업을 할 때도 다르지 않다. 디자인과 설계에 확신이 들지 않는다면, 아니 확신이 들더라도 다른 이에게 생각을 공유하고 의견을 묻는다. 생각을 주고받음으로써 더 좋은 결과물이 될 가능성이 커진다.

박정규 씨는 자신은 물론이거니와 수강생들이 편하게 작업하려면 좋은 여건을 갖추는 게 중요하다고 생각했다. 접근성을 높이기 위해 서울의 중심에 있어야겠다는 생각으로 금천구 독산동에 있던 지하 공방에서 2016년 용산구 이촌동으로 이전해왔다. 80평 정도 되는 큰 규모여서 편하게 작업할 수 있으며 한편에는 쉴 수 있는 별도의 공간도 마련해두었다. 무언가 제대로 하려면 제반을 잘 갖추는 것도 중요하다는 게 그의 생각이다.

생각하고 도전합니다

'예상외의 삼각스툴', '허공에 앉다, 플로팅체어', '유연한 소파 테이블' 등 박정규 씨가 만든 가구에는 조금 특별한 이름이 붙어 있다. 때로는 하나의 형용사, 때로는 한 문장이며 그가 제품을 만들 때 떠올린 생각을 꼬깃꼬깃 접어 핀으로 꽂아둔 것만 같다. 그는 제품을 만들 때면 스토리를 부여한다. '그냥 형태를 따라 이렇게 만들었어요' 하는 간편한 설명을 싫어한다. 어디에서 출발한 아이디어인지, 왜 그런 디자인이어야 했는지 제품마다 합당한 스토리가 있다고 믿는다. 단순히 물건일지라도 의미를 더하면 더 생생한 존재가 되기 때문이다. 생각의 끄나풀을 잡고 이어지는 생각들은 디자인을 더 발전시키는 힘이 된다.

지금의 그를 있게 한 첫 작품이자 애정이 깊은 '예상외의 삼각스툴'의 경우, '나무를 버리는 부분 없이 효율적으로 사용하고 싶다'는 최초의 생각에서 출발했다. 가장 이상적이고 효율적인 기하학 도형이 삼각형이라는 것을 알게 돼, 다리도 좌판도 모두 삼각형으로 된 스툴을 디자인했다. "디자인을 완성했는데 왜인지 맘에 들지 않았어요. 가만히 두고 봤더니 이 디자인이 누구를 위한 것인지 모르겠더라고요. 만드는 사람의 효율만 생각했던 거죠. 온통 직선으로 이뤄진 뾰족한 의자가 편안할 리 없었습니다." 자기 점검을 마친 그는 직선을 아주 조금 둥글린 곡선으로 바꿔, 보기에도 좋고 앉기에도 편안한 디자인으로 수정했다. 애초의 콘셉트인 삼각형에서 크게 벗어나지 않으면서도 앉는 사람의 효율을 생각해 예상외의 부드러운 모습으로 완성했다.

보통 원목 가구공방이라면 손수 소량 제작한다는 점을 강점으로 내세우기 마련이다. 한데 박정규 씨는 궁극적으로 대량생산 체제의 상품화를 꿈꾼다. "목수 한 사람의 손으로 만든다면 아무리 숙련된다 한들 몇 개나 만들 수 있을까요. 이는 목공방의 수익의 한계이자 원하는 사람이 충분히 가질 수 없다는 공급의 한계로도 연결됩니다. 또한 이 일을 오랫동안 해오면서 깨달은 게 있어요. 뒤돌아볼 시간, 나를 생각할 시간이 가장 중요하다는 점이에요. 만약 주문받은 물건의 물량을 맞추느라 밤낮으로 제작만 한다면, 회사생활과 뭐가 크게 다를까요?" 다만 대량생산 하더라도 저가의 소재를 쓰거나 마무리가 야무지지 못한 기존의 공산품과는 차별화돼야 하므로 그는 실현 가능한 시스템을 마련하기 위해 고민이 많다. 어쩌면 그의 상품화 계획은 먼 훗날에야 이루어질지도 모르지만 그는 개의치 않고 또 다른 것도 꿈꾼다. 가구뿐만 아니라 제품이든 공간 디자인이든 건축이든 자신의 영역을 확장하고, 한편으로 공간을 마련해 목공 학교를 짓는 일도 상상한다. "저는 아무리 어려운 일이라도 계속 머릿속에 맴돈다면 결국엔 시도해보는 타입이에요. 기술로 유명한 사람보다 재미있는 생각을 한 사람으로 기억되고 싶고요. 그러려면 계속 하고 싶은 것을 꿈꾸고 여차하면 해보는 수밖에요." 경험으로 알 듯, 시도한다면 분명 어떤 식으로든 정직한 셈이 돌아올 것이다.

아무래도 이 글의 마무리는 2016년 지금의 공간으로 옮긴 후 그가 블로그에 남긴 글 몇 줄로 대신해야 할 것 같다. "이제껏 잘해왔나 한참 생각해봤지만, 역시 중요한 건 앞으로 남은 시간입니다. 많이 부족했지만 지금까지보다 조금 더 나은 시간을 보낼 수 있도록 노력해야겠다는 생각입니다."

info

기브앤테이크 GIVE & TAKE WOODWORK
Instagram @giveandtake_woodwork
Address 서울시 용산구 이촌로 100-11

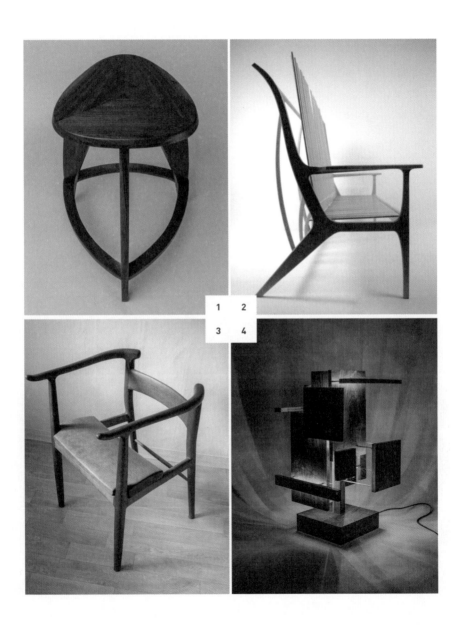

1 2
3 4

1 예상외의 삼각 스툴Unexpected triangle stool

"목공을 시작하고 제일 처음 디자인한, 지금의 저를 있게 한 작품입니다. 왜 스툴은 대부분 사각형에다 다리가 4개일까 하는 물음에서 시작했습니다. 다양한 구상과 시도 끝에 효율적이면서 안정적일 수 있는 모양으로 삼각형을 택했습니다. 독특한 형태 때문에 원래의 목적보다 소품을 올려두고 쓰는 분이 많더라고요."

2 우드스틱 소파Wood stick sofa

"나무로 만들었지만 푹신할 수 있는 의자를 고민했어요. 나무의 휘는 성질을 이용하면 가능하겠다는 생각에 바로 제작했지만 결과는 보기 좋게 실패. 초기에는 주변에서도 디자인, 편의성 등을 지적하며 부정적인 의견 일색이었습니다. 오기가 생겨 3개월이 넘게 매달린 결과, 5명이 앉을 수 있는 나무 소파를 제작했습니다. 단풍나무를 이용했는데 등의 곡선에 따라 부드럽게 휘어서 오래 앉아 있을 수 있어요. 이 제품 덕분에 첫 개인전도 하고 해외 공모전에서 수상도 할 수 있었어요."

3 플로팅 체어Floating chair

"저는 딱딱한 것에 오래 앉아 있는 걸 힘들어해서 엉덩이와 허벅지의 경계에 푹신한 무언가를 두고 엉덩이를 살짝 띄워 앉는 것을 좋아해요. 이 습관을 적용해 의자를 만들어 봤어요. 좌판 일부와 등받이를 없애고 허벅지와 허리받이로 체중을 버티는 방식인데요. 엉덩이의 부담이 허벅지로 가고, 허리받이가 상체를 잡아주어서 바른 자세를 유지할 수 있습니다."

4 레이어링 라이팅Layering lighting

"처음 만든 조명이라 시행착오가 많았습니다. 면을 중첩해 간접적으로 빛이 새어 나오도록 만들었습니다. 빛과 면의 분할, 중첩 효과로 단순한 조명보다 조형적인 느낌을 강조했고 월넛과 황동을 조합해 만들었습니다."

마크와 아빠

기브앤테이크 공방에는 마스코트가 있다. 박정규 씨가 '아들'이라고 부르는 반려견 마크다. 사실 마크 이전에도 두 마리의 반려견이 있었다. 하지만 그 시절 그는 좋은 반려인이 아니었다고 고백한다. 공방 한 편의 쪽방에 기거하며 자는 둥 마는 둥 하며 오로지 작업에 매달린 때였던 만큼 반려견을 사려 깊게 돌보지 못했다. 좀 더 좋은 환경에서 살라고 다른 곳에 입양 보냈는데, 그 피를 이어받은 새끼가 오갈 데 없단 이야기를 듣고 얼떨결에 데려온 것이 마크다. 이전의 경험을 마음에 새긴 탓에 지금은 마크의 극진한 반려인이다. 마크 역시 박정규 씨가 어딜 가나 무얼 하나 곁에서 듬직하게 함께한다. 이제는 마크를 위해, 자신을 위해 삶의 밸런스를 생각해야 한다는 것도 알게 됐다. 모든 것에 때가 있다고, 그는 생각한다.

목공의 매력

인터뷰이 모두에게 한 공통 질문이 있다. '목공 혹은 나무의 매력은 무엇인가'. 질문은 뻔했지만 모두 하나같이 진지하고 성실한 답변을 해주었다. 박정규 씨의 대답은 이러했다. "나무는 늘 내가 맞춰줘야 하는 존재입니다. 이기려고 해서는 안 되고 조심스럽게 다뤄야 하며 예뻐해 줘야 해요. 급하다고 해서 성질부리거나 억지로 이끈다면 반드시 탈이 나요. 그런데 그게 좋아요. 이런 태도와 마음으로 할 수 있는 일이라서, 그래서 좋습니다."

나의 스승

틈틈이 책을 찾아보는 박정규 씨는 의미 있는 책으로 몇 권을 꺼내놓았다. 첫 번째는 목공을 처음 배우던 시절부터 지금까지 정기 구독해 보는 목공 잡지 『파인우드워킹』. 또 하나 교본처럼 꺼내 보는 책은 박종선 목공예가의 전시 도록. 작품을 볼 때마다 끊임없이 새로운 게 느껴진단다. 일과 교육에 대한 깊은 생각에 공감한 책도 있다. 일본의 대목장이자 문화재 수리사인 니시오카 쓰네카즈西岡常一의 육성을 옮긴 『나무에게 배운다』이다. 이 책에는 이런 구절이 있다. "기술은 가르치고 배우는 게 아닙니다. 그 사람이 배우고 싶다고 한다면, 개성에 맞춰서 잘 자라도록 도와주는 것뿐입니다." 또한 박정규 씨는 덴마크의 건축가이자 가구 디자이너 핀 율Finn Juhl을 좋아한다. 핀 율은 한스 베그너Hans Wegner 등 제작자 출신의 가구 디자이너가 일색이던 북유럽 가구업계에서, 기술이 없는 디자이너로서 성공을 이뤄냈다. 주변의 편견과 의심 어린 눈초리 속에서도 전설적인 수많은 작품을 탄생시켰다는 점이 존경스럽다고 그는 덧붙였다.

"오늘보다 내일이 더 궁금한 젊은 목수"

앳된 얼굴과 해사한 웃음을 지닌 한상훈 씨는
서른을 맞이한 지 얼마 되지 않았다.
그 예전, 같은 나이를 맞은 시인은
"이렇게 살 수도 없고 이렇게 죽을 수도 없을 때
서른 살은 온다"고 읊조렸지만, 요즘의 서른이란
얼마나 가능성으로 가득 찬 나이인가.
게다가 조금 이르게 삶의 방향을 고민하고
자신이 좋아하는 일에 매진해 온 그 나이의 젊은이라면
더욱더 많은 가능성을 품었을 것이다.
목수가 된 지 8년째인 한상훈 씨는 그간
참 열정적이었다. 캠핑용품 브랜드 파페포카Papepoca를
론칭했고 공간 디자이너 겸 현장 목수로도 일하며
가구를 만들고 평일에는 목공방 주인장, 주말에는
카페 바리스타가 된다. 다양한 도전을 일삼는
그는 목공을 중심에 두고 자신의 직업적 생태계를
넓혀왔고, 더욱 넓혀갈 생각이다.

삼옥

SAMOK

한상훈 우드워커

아지트, 작업실, 그리고 카페

한상훈 씨를 찾아간 것은 아직 겨울 기운이 가시지 않은 이른 봄이었다. 몇 년 전부터 성수동은 분위기 있는 카페와 문화 공간이 들어서면서 각광 받는 상업 지구가 됐지만 삼옥이 있는 골목은 그런 개발의 붐이 비켜난 듯 낡은 분위기가 물씬 풍겼다. '목공 클래스'라고 새겨진 간판이 아니라면 자칫 지나쳐버렸을 무질서한 상가 건물의 3층, 단차가 높은 계단을 올라 나무로 된 문을 열고 나면 '아' 하고 작은 감탄사가 절로 흘러나온다. 옛날 초등학교의 교실 바닥이 연상되는 나무 바닥에, 수종이 달라 색감과 느낌이 다른 가구들이 놓여 있고, 시선 끝에 닿은 화목 난로에서는 발갛게 불길이 달아오르고 있다. 들창 너머로는 산업화의 뒤안길 풍경 같은 회색빛 골목이 아련하게 비친다.

"2017년부터 사용한 이곳은 원래 아지트였어요. 아는 형과 공동 작업실로 쓰던 공간으로 그 형은 음악을, 저는 목공을 했어요. 작업을 무척 열정적으로 했다기보다 아는 사람들이 모여들어 뭔가 작당하는 곳이었죠." 그러다 함께하던 형이 개인 사정으로 나간 뒤로 한상훈 씨는 공간을 개조해 지금의 목공방 겸 카페 삼옥을 마련했다. 코로나19로 인해 올봄부터는 한동안 목공방으로만 운영하고 있지만, 기존에는 월요일에서 수요일까지는 목공방으로, 목요일에서 일요일까지 카페로 운영해왔다. 목공방과 카페는 공존하기 어려운 업종이다. 하지만 한상훈 씨는 도리어 그 점에 마음이 끌렸다. "사람들은 가구를 경험하거나 만드는 과정을 보고 싶어 해요. 그런 욕구를 충족해주고 싶었어요. 카페로 운영할 때는 먼지 때문에 작업을 하진 않지만, 한 편에 놓인 나무와 도구, 기기들을 보는 것만으로도 평소 접하기 어려운 목공 작업실의 분위기를 느껴보길 바랐어요."

한상훈 씨는 목공을 배우던 초창기, 자신의 옥탑방을 셀프 인테리어 해서 블로그에 올렸다가 인기를 끄는 바람에 TV 방송에도 여러 차례 출연한 적이 있다. 그 후로 심심찮게 인테리어 디자인을 의뢰받고 즐겨 할 만큼 공간을 디자인하고 꾸미는 일을 좋아하는데, 그런 면에서도 삼옥은 공간에 대한 그의 생각을 시각적으로 표현할 수 있는 채널이 됐다. 나무 들창과 문, 공간을 분리해 벽돌로 에워싼 작은 개인 공간, 화목 난로, 드라이 플라워까지 캠핑 마니아이자 자연스러움을 좋아한다는 그의 수더분한 취향이 그대로 드러난다. 종종 손님들이 공간에 놓인 의자나 거울이 마음에 든다며 주문을 하고, 클래스 수강생이 되는 경우도 있으니 쇼룸이자 홍보 창구 역할도 한다. 카페 수익과 공방 수익을 따지자면 2대 8 정도에 그치지만, 그럼에도 그가 카페 운영을 놓지 못하는 이유이기도 하다.

삼옥은 누구나 찾아오기 쉬운 카페는 아니다. 스무 평 남짓한 공간의 절반 이상이 목공 기계로 채워져 있어 좌석 수가 많지 않고, 알아볼 만한 간판도 마땅찮기에 3층까지 가파른 계단을 올라왔다면 행인이 아니라 필시 일부러 찾아온 사람들이다. 미니멀한 인테리어를 선호하는 사람이라면 찾지 않겠지만, 발 디딜 때마다 삐거덕거리며 옛 감성을 자극하는 나무 바닥, 잔향으로 남아 있는 나무 냄새와 같이 도심에서 느끼기 힘든 소박한 정취를 좋아하는 사람이라면 꼭 한번 방문할 만한 공간이다.

캠핑이라는 운명

여러가지 일을 하지만 한상훈 씨의 중심엔 언제나 목공이 있고 목공의 시작점엔 캠핑이 있었다. 스물셋, 진로 고민으로 심란했던 그는 부대끼는 생각을 정리하기 위해 제주도로 떠났다. 제주도의 이호테우해변에서 캠핑하는 한 가족을 보았는데 그 모습이 너무나 행복하고 자유로워 보여 오래도록 잔상에 남았다. "해안 길을 따라 영화 〈건축학개론〉에 등장한 서현의 집을 방문했는데 2층의 테라스에 캠핑 의자가 하나 놓여 있었어요. 거기 앉아 탁 트인 바다를 바라보며 커피 한잔하자니, 아까 그 가족처럼 내가 자유로워진 느낌이 들더라고요. 캠핑이란 단어가 머릿속에 들어왔어요."

이 경험은 한상훈 씨의 삶을 두 가지 방향으로 이끌었다. 우선 캠핑에 빠져들어 캠핑족이 됐고, 이왕 캠핑을 한다면 직접 용품을 만들어 쓰겠다는 욕심이 싹터 종국엔 목수가 된 것이다. 그는 덴마크의 건축가이자 디자이너인 카레 클린트Kaare Klint가 1933년 선보여 캠핑 의자의 원형으로 여겨지는 '데크체어'에 반해 목재소를 찾아갔다. 겁 없이, 기술도 없이 목재소에서 잘라준 미송 각재로 만든 의자는 어김없이 며칠 만에 뚝 부러지고 말았다. 하지만 허술했던 첫 경험은 도리어 오기를 부추겼다. '오냐, 한번 제대로 만들어 보리라.'

처음에는 유튜브를 선생 삼고 기계를 사서 독학으로 배웠다. 그렇게 10개월쯤 하다 한계를 느꼈을 때는 또 지체없이 배울 만한 목공방을 찾아 출퇴근했다. 운영을 도우면서 기술을 배웠고 실력만큼은 부족하지 않은 목수가 되려고 노력했다. 결심하면 화다닥 달려들고 뚝심으로 밀어붙인 덕분에 어느덧 그의 손은 앳된 얼굴과 어울리지 않게 두툼하고 거칠고 단단한 천생 목수의 손으로 변했다.

2014년 론칭한 캠핑용품 브랜드 파페포카는 실력이 모자라 어려움을 겪은 초창기를 제외하면, 안정적으로 운영해왔다. 원목을 사용하고 나무 외의 부자재 소재까지 일일이 발품을 팔아 선별하고, 샘플링과 테스팅을 여러 차례 거쳐 품질에는 자부심이 있다. 대량생산까지는 아니어도 중량의 생산은 가능해야 했으므로 샘플은 한상훈 씨가 직접 만들고, 판매 제품은 30년 이상 해당 분야에서 일해온 베테랑 작업자들에게 의뢰해 수작업으로 생산한다는 원칙을 고수한다. 한데 사람들이 캠핑용품에 대해 오해하는 점이 있다. 캠핑 열풍이 불어 워낙 많은 브랜드가 존재하게 됐고, 접이식으로 만드는 구조가 거의 비슷하기 때문에 빚어진 오해다. 특히 캠핑의자는 구조가 간단하기에 한상훈 씨 자신이 그랬듯 쉽게 만들 수 있는 품목이라 생각하기 마련이다. 하지만 캠핑용 가구는 일반 가구와는 다르다. 실내 가구는 한 번 배치하면 그 자리에 오래 두고 사용하지만, 캠핑용 가구는 항상 옮겨 다녀야 하므로 가벼워야 하고, 극심한 습기나 온도 차에 견딜 수 있도록 내구성에 더욱 신경써야 한다. "쓰지 않을 때 보관할 수 있도록 접이식으로 만들어야 하기 때문에 구조를 더 체계적으로 설계해야 해요. 보통 저는 컴퓨터로 도면을 그려 가구를 만드는데 캠핑용품만큼은 여러 차례 수정해가며 작업하는 만큼 손 도면도 함께 그려요." 세심함의 차이가 제품의 차이를 만든다고 생각하며 심혈을 기울여 만든 '데크체어'는 지금도 파페포카의 제품 중 가장 많이 팔리는 품목이다. 디뮤지엄, 대명리조트 등 여러 기업의 프로젝트나 행사에 쓰일 의자를 대규모로 납품하기도 했다.

젊은 목수의 고풍스러운 디자인

한동안 국내 목가구 시장은 북유럽 디자인이나 일본식으로 해석한 북유럽풍 가구가 유행했는데, 한상훈 씨의 가구에서는 조금 다른 결이 느껴진다. 그는 우리 고유의 디자인과 건축에서 영감을 얻는데, 자연스럽고 직선적인 디자인을 추구한다. 얼핏 그 두 가지는 어울리지 않는 말처럼 들린다. 자연의 선은 직선이 아닌 곡선 아니던가. 그가 직선이면서도 자연스러운 선을 발견한 것은 스무 살 무렵이었다. 학교 때문에 지방에서 서울로 혼자 올라온 그는 제일 처음 하고 싶은 일이 '궁궐 가보기'였다. 어린 시절 경주 할머니 댁에서 보았던 한옥의 아름다움이 기억에 남았던 것이다. 궁은 우리 전통 미감이 가장 잘 드러난 건축이었고, 특히 한옥의 처마가 이어지는 모양과 지붕의 느낌이 좋았다. 처마 끝은 곡선이지만 전체적으로 안정감을 주는 것은 직선 요소들이었다. "직선이 밉지 않다는 것을, 자연스럽다는 것을 궁을 보며 깨달았어요."

그리고 서른의 한상훈 씨의 공간, 지금 삼옥에는 궁궐의 직선을 빼닮은 가구들이 놓여 있다. 특히 그가 자신의 시그니처로 꼽는 것은 다리가 여섯인 테이블이다. 한옥의 처마 느낌을 표현한 것인데 상판은 흡사 기왓장처럼 얹었다. 그의 말마따나 편안함이 느껴지는 직선이다.

한상훈 씨는 촘촘한 갈빗살을 엮은 소위 '갤러리 디자인'이라 부르는 스타일도 좋아한다. 나무 봉을 뼈대 구조로 촘촘히 배치해 엮는 만큼 손이 많이 가지만 가로세로 비율이 잘 맞아떨어졌을 때 풍기는 우아함은 단연 압도적이다. 흡사 우리나라의 전통 문살이 떠오르기도 한다.

요즘은 부쩍 나이로 인해 마음이 무거워졌다. "남들보다 빨리 시작했나고 생각했고 그간 참 열심히 해왔는데, 돌아보니 완전히 내 것으로 남은 게 얼마 없어요." 그에게 지금 은 재도약의 시기다. 초창기 3~4년은 경제적으로 힘들었지만 이제는 어느 정도 자리를 잡았다. 혼자 꾸려가던 카페 운영도 고정적으로 함께 하는 아르바이트생을 두고 쉬어가며 일한다. 이제 그에게는 자기 마음에 쏙 드는 가구를 만들고 싶다는 꿈이 생겼다. 꼭 나무 만 고집할 게 아니라 나무와 어울리는 다른 소재를 적용해보고, 유튜브 채널을 통해 목공 을 알리고 싶기도 하다. 최근에는 소재 탐구를 위해 건축 재료 매거진인 〈GARM 매거진〉 을 즐겨 본다. 작업장 한 편의 책장에 귀퉁이가 닳은 잡지가 주룩 꽂혀 있다. 그 열정의 흔 적을 보며, 어쩌면 10년 후, 마흔의 그는 예상치 못한 또 다른 일을 하고 있을지도 모르겠 다는 생각이 들었다. 목수를 그만둘 것 같다고 넘겨짚는 게 아니라 새로운 목수로 진화해 갈 것이란 기대다. 끊임없이 가능성을 넓혀간다는 면에서, 그는 아마 그때도 여전히 젊고 의욕적인 청년 목수일 것이다.

Info

삼옥 SAMOK
Instagram @sam_ok.official
Address 서울시 성동구 아차산로7길 17-1 3층

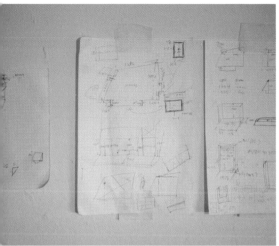

1 2
3 4

1 월넛 갤러리 소파와 좌탁

"저는 한옥의 건축미를 보고 매번 감탄해요. 대들보와 이를 지지하는 처마의 절제되고 아름다운 선에 매료됩니다. 그 느낌을 살리고 싶어 나무를 직선으로 길게 뻗어 아름다운 비율로 배치했고, 선 느낌이 도드라져 보이게 디자인했습니다."

2 6개 다리 테이블

"상판은 느티나무, 다리는 화이트오크를 사용합니다. 갤러리 소파와 마찬가지로 궁궐을 모티브로 삼은 디자인입니다. 길게 뻗은 처마에서 영감을 얻었으며 일반 테이블 구조와 다르게 양쪽에 다리를 1개씩 추가해 한옥의 이미지를 최대한 살려보았습니다."

3 하늘 천 의자

"처마 모양의 테이블과 어울리는 의자를 고민하다가 다리를 3개로 만들어보면 재미있겠다는 생각이 들더군요. 건식 밴딩으로 구부린 나무를 등받이로 써서 편안하게 등을 기댈 수 있게 했습니다. 뒤에서 보면 하늘 천天을 닮았다 해서 그 이름을 따서 부릅니다."

4 데크체어

"유럽에서 흔하게 볼 수 있는, 100년도 더 된 클래식한 디자인의 데크체어입니다. 쉽게 펼치고 접을 수 있어 어디든 가지고 훌쩍 떠날 수 있지요. 저는 등판을 다양한 색과 패턴의 패브릭으로 감싸는 것을 좋아합니다. 지금까지 여러 기업의 프로젝트나 행사에 쓰일 의자를 만들었고, 이를 계기로 꾸준히 아웃도어 용품을 만들고 있습니다."

카페와 공방이 공존하는 법

목공방과 카페를 병행하기 위해 가장 중요한 것은 무엇일까? 한상훈 씨는 청소에 가장 신경 쓴다. "매주 수요일마다 목공방을 나서기 전, 혹은 목요일 카페 오픈 전 적어도 세 시간씩은 청소에 투자해요." 사용하는 청소기만 3대, 집진기는 4대, 큰 환풍구도 2개나 된다. 그 덕분에 작업하는 동안은 여느 공방과 다름없이 먼지가 수북이 쌓이지만 카페 영업을 시작할 때는 언제 그랬냐는 듯 말끔한 상태가 된다. 더불어 메뉴 수를 최소화하고, 스콘이나 치즈케이크 같은 베이커리류는 한정된 수량으로 매입해와 좀 모자라더라도 신선한 상태로 공급한다. 만일 카페를 운영하는 동안 목공 작업을 할 일이 있을 때는 공용 목공방이나 함께 일했던 지인의 공방 등에서 일하며 작업에 공백이 생기지 않도록 한다.

화목난로의 비밀

삼옥에는 도심 속 카페에서 보기 힘든 요소가 하나 있다. 바로 옛날 느낌이 물씬 풍기는 화목난로. 캠핑을 좋아하는 한상훈 씨이기에 캠핑 느낌을 연출하려고 설치한 게 아닐까 생각했지만 실은 실용성을 고려한 선택이었다. 꼭대기 층인데다 단열공사가 제대로 되지 않은 오래된 건물에 위치한 탓에 난방 효율이 높지 않았고, 겨울이면 난방비가 너무 많이 나왔다. 그 아까운 비용을 줄여볼 묘안을 찾다가 화목난로를 사서 직접 설치한 것이다. 목공 작업을 하다 보면 발생하는 자투리 목재를 연료로 쓸 수 있으니 여러모로 좋은 선택이었다. 또한 화목난로에 구워낸 군고구마와 가래떡은 겨울마다 인기를 끄는 삼옥의 대표 메뉴다.

"시골 공방에서 나무를 깎다"

10

해남의 시골, 자연을 벗삼은 공방에서 주변의
생나무를 주워다 작업하는 사람.
손수 지은 공방에서 사람들과 모여 앉아
숟가락을 깎고, 역시 손수 지은 아담하고
운치 있는 작은 집에서 아내 그리고
딸과 함께 소박하게 살아가는 삶.
목수 하면 떠오르는 이상적인 장면을 그린다면
이런 모습이 아닐까. 서울에서 약 400km,
차로 5시간가량 운전해 달려
시골 목수 이세일 씨를 만나러 갔다.
공방 앞마당에는 직접 만든 온갖 소품들이
수풀과 어우러져 있었다.
열린 공방 문틈으로 라디오에서
흘러나오는 클래식 선율이 들려오고,
그는 사각사각 화음을 보태며
숟가락을 깎고 있었다.

목신공방

MOKSIN CRAFT

이세일 우드워커

목조각가에서 목수로

　　이세일 씨는 불교 조각가였다. 불교 조각가란 불상부터 사찰의 꽃살문 등 절에서 조각이 필요한 모든 영역을 담당하는 사람으로, 그는 스물두 살 때 이 일을 처음 접한 후 푹 빠져버렸다. 목조각의 중독성은 강했다. 낮에는 일하고 밤에는 자기 작업에 열중하며 지내다 보니 어느덧 10여 년이 훌쩍 흘렀다. 작업장은 여러 번 옮겼지만 일의 특성상 모두 절 근처의 숲속이나 외진 곳에 있는 터라 본의 아니게 마치 절간 스님이 속세를 등진 듯 세상이 어떻게 돌아가는지도 모른 채 살았다.

　　그러다 우연찮은 순간, 화들짝 잠에서 깬 사람처럼 다른 세상을 보았다. 충남 예산의 수덕사 일을 할 때였다. "산속에서 작업하다 매 끼 식사는 그 아래로 내려가 먹고 돌아오곤 했어요. 여느 때와 다름없는 어느 날, 저녁밥을 먹으러 내려가다가 길가의 한 작업장에서 나는 기타 소리를 들었어요. 거기 나무 작업을 하는 내 또래의 청년이 하나 있었는데 그이가 치는 기타 소리였습니다. 근데 기분이 이상하더라고요. 나랑 비슷한 나이인데 자기 작업장이 있구나, 낮에는 조각하고 밤에는 한가로이 저렇게 기타도 퉁기며 즐겁게 사는구나." 그는 언제나 절 근처에 매여 있는 자신과 다르게 조각을 하면서도 자유롭게 일하는 청년을 보고 상념에 빠졌다. 조각은 여전히 즐거운 일이었지만 종교적 틀 속에 있는 만큼 마음껏 표현하기에는 제한적일 수밖에 없었다. 누군가가 정해둔 틀에 맞추는 것이 아닌, 자신만의 일을 하고 싶다는 생각이 움텄다. 불교 조각가가 독립 목수로 깨어난 순간이었다.

　　그 후로 한두 해 뒤 하던 일을 그만두고 자신만의 공방을 차렸다. 청양 등 다른 지역에 머문 적도 있었지만 몇 번의 이전 끝에 15년 전 해남에 자리 잡았다. 해남은 태어나 어린 시절만 살았던 곳으로, 엄밀히 말하자면 친밀도가 높은 고향은 아니었다. 하지만 이상하게도 결국 이곳으로 돌아오게 됐다. 때로 한 장소는 인생의 많은 것을 바꿔 놓는다. 해남은 그에게 많은 것을 내어주었다. 그중 제일 큰일은 아내를 만난 것이다. 아내는 도시 생활을 하다 이세일 씨보다 몇 해 전 귀향한 참이었다. 이웃 마을에 살았던 그녀는 부모님 댁 마당 한 편에 자신이 독립적으로 생활할 작은 집을 짓기 위해 목수를 수소문했고, 이세일 씨가 그 일을 맡았다. 한 번 맺은 인연이 두터워진 덕에 그는 결혼해 아빠가 됐고, 목수로 산다. 나고 자란 이곳에서 다시 한번 태어난 듯 다른 방면으로 삶이 열렸다.

내 주변에서 얻은 것

이세일 씨의 목공방은 목신마을 어귀에 자리해 있다. 나무 목木과 땔감과 풀을 뜻하는 섶 신薪 자를 써 나무와 풀이 많은 동네를 뜻하는데 그 이름 덕분일까. 그는 주변의 나무와 풀과 관계하며 주로 생나무로 작업한다. "작업장과 집에서 땔감으로 불을 때어 난방합니다. 주변이 산으로 둘러싸여 있다 보니 길을 낸다고 벌목하고, 솎아낸다고 간벌할 때가 많아요. 그 나무를 땔감으로 쓰려고 주워 왔다가 심심풀이로 한번 깎아봤어요. 간단한 모양의 스툴을 완성했는데 내가 만들어놓고도 너무 예쁘더라고요. '생나무를 깎으면 이런 느낌이구나, 이 나무는 뭔지 모르겠지만 목질이 이렇게 좋고 단단하구나' 감탄했죠." 일반적으로 건조목을 쓰는 목수는 엄연히 따지자면 나무보다 목재와 관계하는 사람이다. 재단되고 건조한 제재목에도 나무의 성질이 남아 있지만 잎이 달리고 뿌리가 내린, 생명으로서 나무의 생애를 가늠하기는 어렵다. 십수 년 나무를 다뤄온 그도 그제야 목재가 아닌 진짜 나무가 보이기 시작했다. "한번 생나무 작업을 해본 사람은 그에 빠질 수밖에 없어요. 막 베어온 나무는 너무 수분이 많아 오히려 깎기에 적당하지 않습니다. 며칠 정도 숙성하는 게 좋아요. 그런 뒤 적당한 촉촉함만 남은 나무는 기가 막혀요. 칼이 지나가는 그대로 사각사각 깎입니다."

처음에는 그게 그린우드워킹green woodworking인지, 그런 용어가 있는지도 몰랐다. SNS를 통해 다른 정보들을 찾아보다가 생나무를 이용해 작업하는 목수들이 있다는 것, 영국을 비롯한 유럽에서는 이러한 그린우드워킹이 지역의 생활 공예로서 존재해왔다는 것, 오늘날 수공예에 대한 관심으로 다시금 주목받으며 이런 방식으로 작업하는 목수가 늘고 있다는 점을 알게 됐고 깜짝 놀랐다. 건조목을 구하기가 훨씬 쉬운 오늘날, 구태여 생나무를 사용하고 전동 기계 사용을 배제하는 그린우드워킹을 하는 이유도 가슴에 와 닿았다. 그린우드워킹은 자원을 아끼고 환경을 생각하는 선한 마음에서 비롯된 것이다. 처음에는 단순한 흥미로 생나무를 잡은 그였지만 지금은 그런 선한 의미가 좋아서, 우리 땅에서 나는 나무를 이용하고 환경을 조금 덜 해치는 가치에 공감하며, 그 움직임에 동참한다.

그는 보통 목수라면 눈이 반짝해지는 귀한 특수 목재에도 관심이 없다. 무늬가 화려하거나 특징이 두드러지는 나무도 좋아하지 않는다. 우리나라에서 나는 나무 중 고급스러운 느낌을 내려면 보통 참죽나무나 느티나무를 많이 쓴다. 반면 그는 가장 쉽게 구할 수 있는 소나무를 즐겨 쓴다. 소나무는 예로부터 서민들이 가장 많이 사용한 나무다. 옹이가 있거나 상태가 안 좋은 나무도 마다않는다. 허접한 나무라도 멋진 것을 만들어내면 된다고 생각하기 때문이다. 그러다 보니 굳이 애써서 좋은 나무를 찾지 않고 구하려고 돌아다니지도 않는다. 태풍으로 부러진 나무, 간벌의 잔재, 자신과 인연이 닿는 나무라면 부러진 작은 가지 하나도 허투루 보지 않는다. 소나무, 사스레피나무, 오리나무, 뽕나무, 아까시나무 등등 숲에 사는 나무라면 그에게는 언제나 좋은 재료가 된다.

아직, 꿈꾸는 사람

　　오래전 우리나라의 시골 헛간에 쟁기나 지게 같은 도구가 있었다면 서양에서는 집마다 셰이빙홀스shaving horse가 있었다. 체어메이킹이나 다양한 우드카빙을 할 수 있는 작업대이자 지지대 역할을 하는 도구로 말을 타듯 앉아 작업한다 해서 그런 이름이 붙었다. 그런데 어느날 이세일 씨의 눈에 전통적인 셰이빙홀스의 불편한 부분이 눈에 띄었다. 서양 사람들은 늘 써오던 기구인 만큼 관성적으로 받아들인 부분인 듯 했는데 모든 발견은 '낯설게 보기'에서 비롯돼 그 작은 궁금증을 내버려 두지 않는 부지런함으로 발아한다. 그는 이런저런 구상을 해본 끝에 나무로 된 지지대를 튼튼한 나일론 밴드로 바꾸고 발판에 도르래를 장착해 작은 힘으로도 기물을 안정적으로 고정할 수 있게 바꿨다. 그가 설계한 셰이빙홀스는 많은 사람들의 관심을 받았다. 특히 외국 사람들의 반응이 뜨거웠다. 어떻게 하면 그걸 자기 방식대로 만들어볼까 하는 이세일 씨의 습관이 셰이빙홀스인 '목신말', 스푼 깎는 전용 작업대인 '목신덩굴손'을 만든 것이다.

　　습관으로 이룬 것이 비단 이것뿐만은 아니다. 크레인 차를 30분 동원한 것 외엔 4개월간 손수 지었다는 공방이, 도끼를 이용해 만든 해학적인 공방 문손잡이가, 마당 구석에 놓인 퍽 예술적인 개집까지도 사부작거리는 그의 솜씨. 손을 놀리지 않는 성향은 다양한 창작물의 탄생으로 이어졌다. 커피 애호가인 그가 꾸준한 욕심으로 만드는 것은 핸드밀이다. 어느 날 선물 받은 핸드밀 부품을 분리해 그라인더를 제외한 나머지 부분을 나무로 개조한 것을 시작으로, 이후 그라인더 부품을 따로 사서 핸드밀을 만들고 있다. "원래는 100개쯤 만들어 죽 늘어놓고 전시를 하고 싶었어요. 종종 다른 전시를 할 기회가 있어 그때 몇 개씩 내놓았더니 다 팔려버리더라고요. 과연 언제쯤 100개를 모을 수 있을지 모르겠어요." 그는 셰이빙홀스처럼 언젠가 작은 시골에서 만든 자신의 핸드밀 역시 세계 곳곳의 사람들이 알아봐 주길, 수제 핸드밀로 특화된 목수로 기억될 수 있길 바란다.

언젠가는 숟가락 페스티벌도 열 생각이다. "영국에시는 매년 스푼페스타Spoonfest라는 이름의 우드스푼 카빙 페스티벌이 열려요. 전 세계 스푼 카버들이 모여 숟가락을 깎고 팔고 즐기는 행사인데, 우리도 스푼 깎는 사람들이 모여 함께 깎고 이런 문화를 즐기면 얼마나 재밌을까요!" 이세일 씨는 이미 '숟가락 숲'이라 이름 붙인 스푼 카빙 모임을 하고 있다. 매주 한 번씩 사람들과 함께 야외에 모여 앉아 숟가락을 깎는, 원데이 클래스라기보다 일종의 동호회로, 그가 모임을 이끌기는 하지만 자신을 리더로 규정하진 않는다. 일방적인 가르침이 아닌 서로 마음 맞는 사람들끼리 함께해보자고 꾸린 모임이기 때문이다. 수업료도 없고 참석도 자유롭다. 한 차례 분위기만 보고 가는 사람도 있고, 숟가락 깎는 재미에 푹 빠져 매주 나오는 사람도 있다. 여럿이 모여서 무언가를 벌이기 쉽지 않은 시기인 만큼 요즘에는 좀 뜸하긴 하지만 홀로 손을 움직이던 사람들이 곧 함께 모여 즐길 날을 기대한다.

인터뷰를 하는 동안 그는 "그게 꿈이다"라는 이야기를 많이 했다. 그 말을 할 때의 표정은 재미난 꿍꿍이가 있는 천진한 아이 같기도 했다. 그가 이제껏 만든 것보다 앞으로 무엇을 더 만들어 보여줄지 기대되는 순간이었다.

info

목신공방 MOKSIN CRAFT
Instagram @iseilnam
Address 전라남도 해남군 삼산면 목신길 17

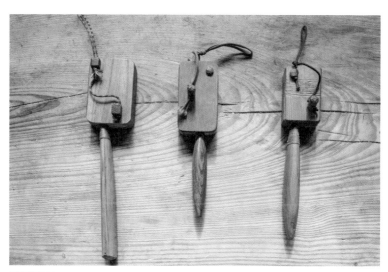

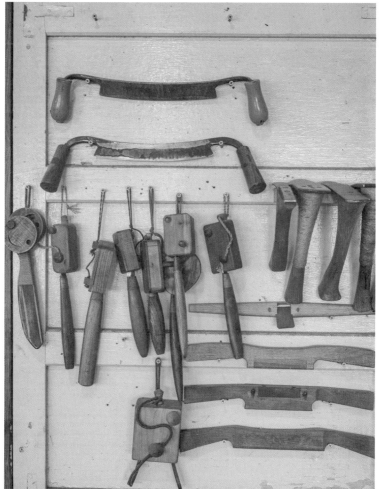

Items

1 2
3 4

1 목신말

"서양의 셰이빙홀스를 내 방식으로 만들어봤습니다. 핵심은 밴드와 지렛대의 원리입니다. 적은 힘으로도 발판을 강하게 눌러서 기물을 안정적으로 잡을 수 있어요."

2 오리 집게

"오리 입 모양을 닮았다고 해서 오리 집게입니다. 만들고 사용한 지 벌써 5~6년 정도 됐는데 커피 봉투를 봉하기에 좋습니다. 한때 아크릴 물감을 칠해보기도 했는데 만족스럽게 나오지 않아서 지금은 나무의 표피를 그대로 드러낸 스타일만 판매합니다."

3 숟가락

"생나무는 쉽게 깎이기에 숟가락 깎는 데도 시간이 많이 걸리지 않습니다. 저는 칼을 잡으면 잡생각이 달아나고 오로지 거기에만 몰입하게 돼요. 그러다 보면 나머지 일은 손이 알아서 합니다. 나무 조각 하나를 숟가락으로 깎기까지 15분 정도 걸립니다."

4 핸드밀

"핸드밀을 핸드메이드로 만드는 목수로 알려지는 게 꿈입니다. 그래서 지금도 틈날 때마다 하나씩 만듭니다. 네모난 본체에 각각 특색 있는 손잡이를 붙이는데, 셋 중 노란색 손잡이가 달린 것은 민들레를 표현해본 거예요. 칼로 나무를 쪼아 세밀한 꽃잎을 표현했습니다."

시골 목수가 세계와 소통하는 법

이세일 씨는 우리나라의 땅끝 해남에 살지만 세계의 목수들과 소통하는 데
는 무리가 없다. 인스타그램을 통해서다. 사용한 지 2~3년 정도 됐는데 해
시태그를 통해 세상을 엿볼 수 있다. 그가 처음 그린우드워킹을 접한 것도,
셰이빙홀스에 대한 뜨거운 반응을 접한 것도 모두 인스타그램 덕분이다. 필
요한 자료를 찾거나 그가 만든 것을 보여주는 데 유용한 수단이 된다.

특허가 미치는 영향

목신말을 처음 공개했을 때 반응은 두 가지였다. 우리나라 사람들의 반응은
한결같았다. '다른 사람들이 도용할지 모른다. 특허부터 내라'. 한편 외국인
은 외국인대로 반응이 비슷했다. '너무 멋지다. 어떻게 그런 생각을 했나. 도
면을 공개할 생각이니?' 이는 저작권과 지식재산권에 대한 태도의 차이를
보여준다. 카피 제품이 너무나 쉽게 등장하는 우리나라는 특정 지식을 공개
하는 데 보수적이지만, 상대적으로 저작권에 대한 대중적 인식이 높은 해외
에서는 정당하게 공유 받고 그 사실을 밝히려는 것이다. 이세일 씨가 내린
결론은, 도면을 오픈소스로 공개하는 것. 못 쓰게 한다고 도용을 막지 못할
것이기 때문이다. 차라리 적극적으로 공개하고 출처를 명시하게 하는 편이
그에게 더 도움이 되는 일이라 판단했다.

나의 디자인 시그니처

숟가락이나 집게처럼 형태상 불가능한 몇몇을 제외하고 이세일 씨가 만든
물건에는 공통점이 하나 있다. 35mm 크기의 구멍이 하나 뚫려 있다는 것.
이는 그가 불교 조각을 접고 목수가 되기로 결심해 해남으로 귀향한 나이인
35세를 의미한다. 이 시기를 전후로 인생의 제2막이 시작된 것이나 다름없
어 그 상징으로 구멍을 뚫기 시작한 것인데, 이게 은근히 다양한 역할을 한
다. 일종의 시그니처 디자인으로 기능할 뿐만 아니라 스툴 상판에 뚫어 둔
구멍은 손잡이 역할을 하기도 한다.

TIP 나무 생활자들을 위한 작은 안내서

이 책을 통해 목공에 관심이 깊어진 사람들이

알아두었으면 하는 마음으로 작은 안내서를 더합니다.

목공인을 위한 전문 지식으로는 조금 모자라지만,

언젠가 손수 무엇을 만들어보고 싶다고

결심한 당신에게는 충분할 이야기입니다.

우드워커가 쓰는 나무

목재는 다양하게 분류됩니다. 가공 방식에 따라서 원목, 집성목, 합판, MDF 등으로 나뉘며 많은 목공방들이 별다른 가공을 하지 않고 재단한 목재인 원목을 사용하고 있습니다. 그리고 책에서 소개한 도장과 같이 나무를 얇게 저며 여러 장 겹쳐 만든 합판을 사용하는 브랜드나 공방도 여럿 있어요. 원목은 나무의 물성이 그대로 살아 있는 가장 정직한 나무 재료이며, 합판은 나뭇결을 번갈아 가며 겹치기에 튼튼하다는 장점이 있습니다.

견고성에 따라서는 크게 하드우드hard wood와 소프트우드soft wood로 나눌 수 있습니다. 하드우드는 대체로 활엽수예요. 단단하고 밀도가 높으며 가공성과 마감성이 좋아서 가구는 물론이고 소품 만들기에도 적합합니다. 국산목으로는 느티나무, 참나무, 밤나무, 아까시나무 등이 있고 수입목으로는 월넛, 체리, 메이플, 화이트 오크, 레드 오크, 에쉬 등이 우리가 가구나 소품으로 흔히 접할 수 있는 하드우드예요. 다만 가격이 높은 편이고, 지나치게 단단한 것은 우드카빙에는 사용하기 힘겹게 느껴질 수 있어요. 소프트우드는 주로 침엽수인데 재질이 물러서 가구 재료로는 적합하지 않아요. 건축이나 인테리어용으로 많이 사용됩니다. 소프트우드로 대표되는 것에는 소나무, 전나무, 잣나무, 삼나무 그리고 스프러스, 레드파인 등이 있어요. 생산량이 많아 상대적으로 가격이 저렴합니다.

그 밖에도 생산지에 따라 앞서 언급한 것과 같이 국산목과 수입목으로, 건조 여부에 따라 생목과 건조목으로, 유통 규모에 따라 일반목과 특수목으로도 구분합니다.

©STUDIO_ROU _이현진

우드워커의 도구

목재를 자르거나 구멍을 뚫을 때 기계의 힘을 빌릴 수도 있습니다. 하지만 아무리 기계가 있어도 수공구로 해결해야만 하는 부분이 있는데요. 그렇기에 목수에게 수공구와 기계는 상호 보완적인 도구입니다. 그중 가장 기본적인 것을 소개하며 이 외에도 목공 연상의 세계는 무궁무진합니다.

수공구

톱, 도끼
나무를 자르고 켜는 기본 도구이다.

조각도
칼날이 둥근 환도, 끝이 뾰족해 예리하게 작업할 수 있는 창칼 등이 있으며 조각도를 사용할 때는 목재의 결을 이해하는 것이 중요하다.

끌과 망치
일종의 큰 조각도인 끌은 망치와 함께 사용한다. 나무에 홈을 파거나 짜맞춤을 하기 위해 톱질한 부분을 찍어서 불필요한 부분을 덜어낼 때 사용한다.

대패
목재의 평면을 다듬는 용도이다. 동서양 대패는 그 작동 방식이 다르기에 도구에 맞게 당기거나 밀며 사용해야 한다.

클램프
작업물을 고정하는 도구로, 가구를 결합할 때나 기물을 깎을 때 움직이지 않도록 꼭 죄어 준다.

사포
작업 마무리 단계에서 마감제를 바르기 전에 표면을 다듬는 용도로 사용한다.

전동 공구와 전동 기계

드릴
목재에 구멍을 뚫고 못을 박을 때 사용한다.

트리머
일정한 두께의 홈을 파거나 모서리 끝에 모양을 낼 때 사용한다.

테이블쏘 · 밴드쏘 · 직쏘
자동으로 돌아가는 톱날이 장착된 기계로, 목재를 다양하게 가공할 수 있다. 톱날 장착 방식과 목재를 자르는 방법에 따라 테이블쏘, 밴드쏘, 직쏘 등으로 나뉜다.

수압대패
손 수手 자를 딴 이름처럼 손으로 눌러 기계 안으로 목재를 넣으면 그 표면이 다듬어져 나오는 자동 대패. 손밀이 대패라 부르기도 한다.

샌더
다양한 강도의 사포를 장착해 작업물의 표면을 다듬을 때 쓴다.

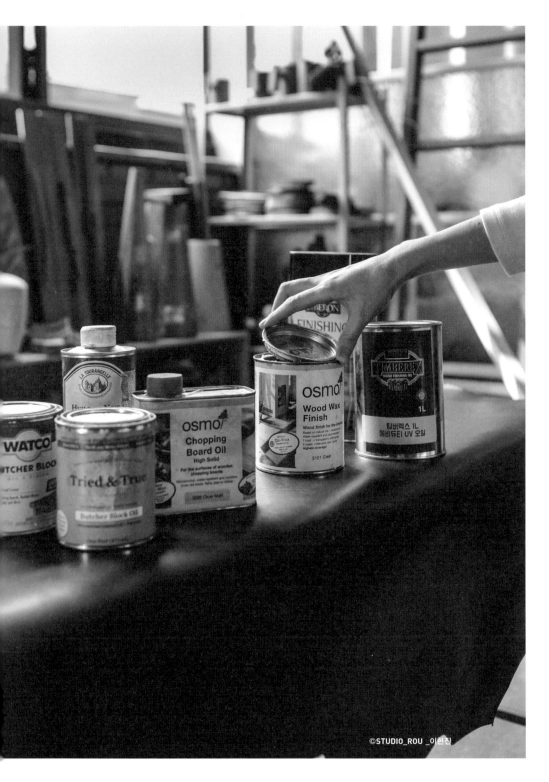

나무 작업의 완성, 마감

나무 작업의 마무리는 마감제를 바르는 단계입니다. 마감제는 목재 표면을 보호해서 제품을 더 오래 사용할 수 있도록 돕고, 표면을 매끄럽게 해 더 아름답게 보이도록 하는 역할을 합니다. 화학 도장부터 유색 도장 등 그 방식이 다양하며 수많은 마감제가 있습니다. 목수마다 마감제를 바르는 횟수나 건조 시간 등이 다르기 때문에 마감법은 목수의 고유한 노하우라 할 수 있어요. 또한 작업의 의도상 마감제를 바르지 않고 시간에 따라 나무가 익어가는 것을 즐기는 목수도 있습니다. 이 페이지에서는 일반적인 마감 방법을 소개합니다.

식기 제품에는 주로 천연 오일과 친환경 마감제를 사용합니다. 식기는 직접 입에 닿는 만큼 인체에 무해한 성분을 사용하는 것이지요. 우리나라에서도 전통적으로 잣기름, 동백기름, 호두기름 등을 사용해 목제품을 마감했습니다. 친환경 마감제를 생산하는 업체로는 아우로Ouro, 오스모Osmo, 와트코Watco 등의 브랜드가 있습니다. 마감제에 따라 다르지만 보통 마감은 한 번 칠해서는 두꺼운 도장면이 생기지 않으므로 칠하고 건조하는 과정을 2~3번쯤 거쳐야 합니다.

천연 마감제 중 가장 좋은 것으로 옻을 꼽습니다. 옻칠은 옻나무 수액을 정제해 목제품 표면에 바르는 전통 칠로, 완벽한 도막이 형성되어 수분의 침투를 확실히 막아주고 내열성도 좋습니다. 하지만 옻이 오를 수도 있고, 수차례 발라야 하며, 건조를 위해서는 일정한 온습도를 유지해야 하는 만큼 초보자가 선뜻 시도해보기 어려운 전문 마감법입니다.

가구용 마감제는 일반적으로 경화제 성분을 첨가한 화학 제품을 많이 사용하며 그만큼 빨리 건조됩니다. 또한 도막층이 천연 오일이나 친환경 마감제에 비해서는 두껍게 형성됩니다. 하지만 이것도 여러 차례 바르고 말리고 표면의 상태에 따라 샌딩한 뒤 다시 마감제를 바르는 과정을 거칩니다. 가구용 마감제에 첨가된 화학 성분으로 인해 마감제를 바를 때 쓴 천을 말리지 않고 버릴 경우 자연 발화할 수 있으므로 주의가 필요합니다.

©STUDIO_ROU _이현진

나무 생활 마음가짐을 위한 책

엄밀히 말하면, 목수는 나무의 삶을 깊이 알아가는 사람이 아닐까요? 목재가 아닌 나무의 삶을 다룬 책, 다양한 나무 기물을 볼 수 있는 책, 목공으로 첫 발을 내딛기 전 참고할 만한 책을 골라봤습니다.

나무 이야기

케빈 홉스, 데이비드 웨스트 지음 | 티보 에렘 그림 | 김효정 옮김 | 한스미디어
영국의 저명한 원예전문가가 소개하는 인류의 삶을 바꾼 100가지 흥미로운 나무 이야기. 각기 다른 100가지 나무의 생태학적 정보와 함께 나무 세밀화로 그린 아름다운 나무들을 보고 나면 주변의 나무가 달리 보인다.

나무의 시간

김민식 지음 | 브.레드b.read
강원도 홍천에 자리 잡은 내촌목공소의 목재 상담 고문이 쓴 나무 이야기. 한국의 목재 산업이 활황을 띠던 시절부터 40여 년간 목재 딜러, 목재 컨설턴트로 일해온 저자가 나무와 함께한 경험, 인문학적 지식, 과학과 역사, 예술이 어우러진 나무 이야기를 들려준다. 세계의 목재 산업과 우리나라 목공 업계의 흐름이 담겨 있다.

어반 우즈맨

맥스 베인브리지 지음 | 이정희 옮김 | 목요일
우드카빙 가이드서. 직접 따라 해보지 않는다 해도 우드카빙의 세계를 간접 경험해보기 좋은 책. 우드카빙에 필요한 도구부터 숟가락, 버터나이프 등을 만드는 방법까지 볼 수 있다.

나무로 만든 그릇

니시카와 타카아키 지음 | 송혜진 옮김 | 한스미디어
아름다운 것을 계속 보면 만들고 싶어지는 법. 31명의 목공예가가 만든 아름다운 나무 그릇 300점이 담겨 있다. 실생활에 나무가 어떻게 쓰이는지 살펴보기 좋으며, 하나쯤 만들어보고 싶다는 생각이 절로 든다.

메이드 바이 우드워커

초판 1쇄 인쇄 | 2020년 11월 13일
초판 1쇄 발행 | 2020년 11월 23일

지은이 | 이수빈
발행인 | 윤호권 • 박헌용

책임편집 | 김하영

발행처 | (주)시공사
출판등록 | 1989년 5월 10일(제3-248호)

주소 | 서울시 서초구 사임당로 82(우편번호 06641)
전화 | 편집 (02)3487-1650 • 마케팅 (02)2046-2800
팩스 | 편집 • 마케팅 (02)585-1755
홈페이지 | www.sigongsa.com

ⓒ 이수빈 2020
ISBN 979-11-6579-309-8 (13580)

미호는 아름답고 기분 좋은 책을 만드는 (주)시공사의 실용 브랜드입니다.